KB161590

분수가 풀리고 도형이 보이는 수학 이야기

〈일러두기〉

– 개념어 등의 표기는 국내 교과 과정을 참고하였으나 저자의 의도를 전달하기 위해
　일부 원문 표현을 사용했습니다.

– 도서 및 잡지는 《 》로 표기했으며 웹사이트 등은 〈 〉로 구분했습니다.

– 각 페이지는 수학적 내용의 흐름을 가장 잘 이해할 수 있는 부분에서 구분하여 편집했습니다.

– 편리한 계산을 위해 한글(하나, 둘, …) 표현을 숫자(1, 2, …)로 바꾸어 나타낸 경우가 있습니다.

1일 1주제로 읽는 초등 수학

분수가 풀리고 도형이 보이는 수학 이야기

분수가 풀리고

도형이 보이는

수학 이야기

난바 히로유키 지음 | 최현주 옮김

동양북스

"수학은 뜻도 잘 모르는 공식을 무조건 외워서 풀기만 하잖아요? 도대체 수학이 뭐가 재밌는 거죠?"

학창 시절에 '수학 수업이 지루했다', '수학을 잘 못했다'라고 말하는 사람에게 이런 질문을 받을 때마다 저는 답변을 하면서 늘 안타까운 마음이 들었습니다.

'어떻게 하면 수학의 재미를 알려줄 수 있을까?'라고 생각하면서 수학을 어려워하는 사람들과 얘기를 나누고, 일반인들을 위해 쓰인 수학 책을 읽다가 어느 날 문득 깨달았습니다.

수학 전공자나 '수학 덕후'라는 말을 듣는 사람들에게는 너무 당연한 '상식'인데, 일반 사람들에게는 거의 알려져 있지 않은 것이 있었습니다. 저는 어쩌면 이런 부분이 수학을 잘하는 사람과 못하는 사람을 크게 구분 짓고 있는 장벽의 정체일지도 모른다고 생각했습니다.

그럼 세상에 잘 알려지지 않은 것은 도대체 무엇일까요? 그것은 수학의 내용을 '규칙(정의)'과 '사실(정리)'로 나눌 수 있다는 것입니다. 규칙과 사실의 시점에서 수학을 보면, 이내 수학 연구가와 수학 덕후들이 푹 빠지듯, 잠 못 이룰 정도로 정말 재미있는 수학 세계가 눈앞에 펼쳐질지도 모릅니다.

예를 들어, 여러분은 다음 질문에 대답할 수 있을까요?
• 왜 +나 -보다 ×나 ÷를 먼저 계산할까?
• 왜 분수의 나눗셈은 분모와 분자를 뒤집어서 곱하는 걸까?
• 왜 소수의 곱셈은 정수를 곱한 후에 소수점을 찍을까?
• 왜 삼각뿔의 부피 공식은 (밑면 × 높이 ÷ 3)일까?

이런 것들은 초등 수학에서 배우는 아주 기초적인 계산이나 도형 공식에 관한 것입니다. 그러나 초등 수준의 공식이라도 왜 그런 공식을 사용하게 되었는지 이유를 제대로 대답할 수 있는 사람은 거의 없다고 봅니다.

규칙과 사실의 관점이 익숙해지면 수학 그 자체에 대한 이해가 놀라울 정도로 깊어집니다. 그리고 이유에 대한 질문에 자신감을 갖고 대답할 수 있게 됩니다. 학교에서 특히 초등학교 수학 수업에는 규칙과 사실이라는 관점이 쏙 빠져 있습니다. 게다가 규칙과 사실이 뒤죽박죽으로 설명되어 있습니다. 그래서 많은 사람에게 수학은 '계산이나 도형 공식을 의미도 모른 채 암기하기만 하는 과목'이 된 것입니다.

이 책에서는 수학에서 규칙과 사실이란 관점에 익숙해지도록 만드는 것이 가장 큰 목적이기 때문에 초등학교 수학 중심으로 설명하고 있습니다. 그리고 초등 수학에서 배우는 계산이나 도형의 공식이 만들어진 근거를 설명합니다. 나아가 마지막 장에서는 초등 수학의 응용 문제를 다루면서 수학을 잘 하는 사람의 관점이나 발상에 대해서 좀 더 깊이 있게 이야기하고 있습니다.

수학을 못한다는 사람일수록 읽어 주길 바라는 마음으로 이 책은 선배 '현익'과 '수학을 잘 못하는 회사 후배 성슬' 2명의 대화 형식으로 쓰였습니다. 따라서 초등학생부터 그 이상의 학생들까지 모두 술술 읽어 갈 수 있을 겁니다. 이 책이 수학은 지루하고 어렵다는 사람들에게 재미를 느끼게 하는 데 도움이 되었으면 좋겠습니다.

난바 히로유키

목차

1장 ☆ 어쩌면 앞으로 바뀔 수도 있다!? · 초등 수학의 연산 공식

2장 ☆ 구분이 필요한 '규칙'과 '사실'의 세계 · '도형'의 공식

3장 ☆ '노력'으로 풀 수 있는 문제와 '재능'이 필요한 문제

현익

월간 페이지뷰(PV) 150만 웹사이트 〈고교 수학의 아름다운 이야기〉 관리자. 명문대학교 졸업생이며 대기업 연구원. 중1 때 독학으로 고등학교 수학의 전 범위를 공부한 수학 덕후. 고등학생 때 국제물리올림피아드 멕시코 대회에서 은메달 수상.

성슬

현익과 같은 회사에서 영업직으로 일하는 25세의 후배. 자타공인 전형적 문과형으로 학창 시절 수학을 매우 어려워 함. 영업 실적 계산을 틀려 부장님께 혼나고 조카에게 놀림당하는 일상에서 벗어나고 싶어서 수학을 다시 배우기로 결심.

읽는 것만으로도 분수와 도형을 이해할 수 있어요!

Ⓐ 전 수포자였어요. 분수 때문에 수학에서 멀어지고 있었는데 입체도형의 겉넓이를 구하라고 하는 순간 도저히 못하겠더라고요. B씨는 어땠어요?

Ⓑ 저도 수학을 잘 못했어요. 그래도 하고 싶은 일을 수학 때문에 방해받고 싶지는 않았어요. 그래서 수학 개념에 대한 책을 매일 조금씩 읽었어요.

여러분 반가워요! 저는 이 책을 열심히 만든 편집자입니다. 사실 B의 대화는 실제 제 얘기예요. 수학 개념 관련 이야기를 읽는 것만으로도 수학을 포기하지 않을 수 있다는 것을 경험으로 배웠기 때문에 이 책을 소개하게 됐어요.

저도 여러분과 똑같이 분수가 너무 어려웠고요. 원의 넓이를 구하는데 3.14를 곱하는 것은 또 왜 그렇게 복잡하던지요. 그러다 보니 수학이 싫어지기도 했어요.

그래도 나중에 하고 싶은 일이 생겼을 때, 수학을 못해서 그 기회를 놓치면 안 되잖아요. 그래서 문제 풀이 대신 수학 개념에 대한 책을 매일매일 조금씩 읽었어요. 덕분에 '수포자'는 되지 않았습니다.

아마 부모님께서 여러분에게 수학 공부를 열심히 하라고 하시는 것도 같은 이유 때문일 거예요. 나중에 하고 싶은 일이 생겼을 때 수학 성적 때문에 방해받지 않게 하려는 거죠. 물론 그래도 수학 문제를 매일 풀다 보면 흥미가 떨어질 수 있어요. 바로 그럴 때 이 책을 읽으면 됩니다.

이 책은 어릴 적부터 수학을 잘했던 대기업 연구원 현익과 수학만 빼고 뭐든 잘했던 회사 후배 성슬의 수학 과외 이야기입니다. 뭐든 열심히 하는 성슬이지만 자꾸 서류에서 계산을 틀려 부장님께 혼이 나고, 실력이 모자라서 사랑하는 조카의 수학 공부를 도와줄 수가 없게 돼요. 하지만 성슬은 포기하지 않습니다. 수학을 잘하는 현익 선배에게 과외를 해달라고 부탁하죠. 어른이 되었는데도 생각보다 일상에서 수학이 많이 필요하다는 사실을 알았거든요.

두 사람은 매일 하루에 하나의 주제를 가지고 얘기합니다. 분수의 덧셈에서 왜 분모는 통분하고 분자끼리만 더할까요? 분수의 곱셈에서는 왜 분모끼리, 분자끼리 곱할까요? 이유를 알면 훨씬 더 잘 이해할 수 있을 것 같지 않나요?

특히 이 책은 여러분들이 많이 힘들어 하는 분수와 도형 위주로 설명하고 있어요. 물론 이 책을 읽는다고 갑자기 모든 수학 문제를 잘 풀지는 못할 수도 있습니다. 하지만 분명 더 이상 수학을 두려워하지 않는 자신을 발견하게 될 거예요.

아 참! 이 책은 상자의 색깔과 아이콘마다 의미가 있어요. 꼭 참고해서 읽어 주세요.

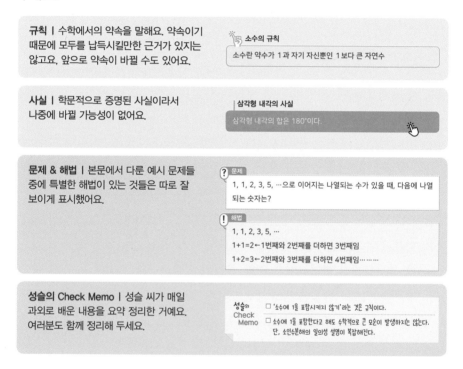

규칙 ǀ 수학에서의 약속을 말해요. 약속이기 때문에 모두를 납득시킬만한 근거가 있지는 않고요, 앞으로 약속이 바뀔 수도 있어요.

☞ **소수의 규칙**

소수란 약수가 1과 자기 자신뿐인 1보다 큰 자연수

사실 ǀ 학문적으로 증명된 사실이라서 나중에 바뀔 가능성이 없어요.

ǀ **삼각형 내각의 사실**

삼각형 내각의 합은 180°이다.

문제 & 해법 ǀ 본문에서 다룬 예시 문제들 중에 특별한 해법이 있는 것들은 따로 잘 보이게 표시했어요.

② **문제**

1, 1, 2, 3, 5, …으로 이어지는 나열되는 수가 있을 때, 다음에 나열 되는 숫자는?

! **해법**

1, 1, 2, 3, 5, …
1+1=2←1번째와 2번째를 더하면 3번째임
1+2=3←2번째와 3번째를 더하면 4번째임………

성슬의 Check Memo ǀ 성슬 씨가 매일 과외로 배운 내용을 요약 정리한 거예요. 여러분도 함께 정리해 두세요.

성슬의 Check Memo

☐ '소수에 1을 포함시키지 않기'라는 것은 규칙이다.
☐ 소수에 1을 포함한다고 해도 수학적으로 큰 모순이 발생하지는 않는다. 단, 소인수분해의 일의성 설명이 복잡해진다.

자 그럼 우리 모두 수학과 조금 더 친해지러 가 볼까요?

2021년 봄
동양북스 편집부

미리보기

학교에서는
절대로 배울 수 없는
오묘한 수학의 세계

🔍 수학 과외의 시작

학교에서는 절대로 배울 수 없는 오묘한 수학의 세계

성슬 씨가 초등 수학 과외를 부탁한 이유

 현익 선배! 선배는 수학 웹사이트도 열고 책까지 냈죠?

 성슬 씨, 얼굴 표정이 왜 그래요?

 제가 조카 과외 수업을 하는데 수학을 전혀 못해서요. 조카가 "성슬 이모는 어른인데 수학도 모르네!"하는 거예요. 너무 속상했어요.

 그랬군요. 그래서 수학을 처음부터 다시 배우고 싶은 거예요?

 네! 맞아요. 제가 원래 덧셈, 뺄셈 같은 연산도 잘 못하고요. 숫자도 자주 틀려서 영업부장님께도 계속 혼나고 있어요. 그래서 이 기회에 수학 좀 잘 해 보려고요. 저에게 수학의 오묘한 즐거움을 전수해 줘요. 현익 선배! 아니! 아니! 현익 사부님!

아이구, 알았어요. 그렇게까지 마음을 먹었다면 가르쳐 줘야죠.

 진짜죠? 감사합니다!

왜, 초등 수학 수업은 설명이 부족하지?

 중학교부터 고등학교 때까지 수학 시험은 점수가 거의 바닥이었어요! 과목 중에 수학이 제일 힘들었는데 잘 생각해 보면 초등학생 때부터인 것 같아요.

 왜 그랬을까요? 그 이유가 궁금하네요.

 예를 들면 초등학교 수학 시간에 기본적으로 '곱셈과 나눗셈을 덧셈과 뺄셈보다 먼저 계산해야 한다'라고 배우잖아요? 그때 '왜 그래야 하지? 왼쪽부터 차례로 계산하면 안 될까?'라는 생각이 들었어요.

 Good! 꽤 똑똑했네요! 그렇게까지 생각하다니.

 그런데 수학 선생님께 이 질문을 했더니, "성슬아, 그건 원래 그런 거니까 그냥 외우면 돼"라고 하시는 거예요.

 그렇죠.

그 후에도 새로운 단원을 배울 때마다 '왜 저렇게 되는 걸까?'라는 생각이 자주 들더라고요. 저 나름대로 수학 선생님이 말씀하신 것처럼 '쓸데없이 고민하지 말고, 그냥 외우자!'라고 생각하면서 노력하긴 했지만 늘 찜찜했어요. 그러다 보니 수학이 완전히 이해되지 않더라고요.

 성슬 씨가 무슨 말을 하는지 알겠어요. 그런데 성슬 씨만 그랬던 것은 아니에요. 제 주위에도 학교 다닐 때 수학을 잘하지 못했던 사람들이 성슬 씨와 비슷한 경험을 했어요.

 정말요? 저만 그런 게 아니었네요! 다행이다!

 굳이 표현한다면 학창시절의 성슬 씨는 규칙°을 필요 이상으로 이해하려고 했다고 할 수 있죠.

 규칙을 필요 이상으로 이해하려고 했다고요?

학교에서는 가르쳐 주지 않는 규칙이란?

 '곱셈와 나눗셈을 덧셈과 뺄셈보다 먼저 계산한다'라는 것은 규칙이에요. 규칙을 간단하게 말하면 수학에서의 약속이라고 할 수 있죠.

역자 주. 중등 이상의 수학에서는 규칙과 정의, 사실과 정리를 섞어서 표현하는데, 우리 책에서는 좀 더 쉽게 읽을 수 있게 규칙과 사실로 통일했어요.

규칙은 어디까지나 누군가가 그렇게 하기로 정한 것뿐이기 때문에 실제로 모든 사람이 납득할 만한 명확한 이유는 없어요.

네에? 이유가 없나요!?

그렇죠! 나름대로 납득할 만한 이유를 말할 수는 있겠지만 실제로 모든 사람이 이해할 만한 이유는 존재하지 않아요.

명확한 이유가 존재하지 않았다니……, 충격인데요.

예를 들면 규칙이란 '차량은 우측통행'처럼 법 같은 거예요. 법은 어디까지나 인간이 만든 것이지 진리는 아니잖아요? 법이랑 똑같아요. 규칙은 '절대 진리'가 아니니까 앞으로 바뀔 가능성도 있다는 뜻이에요.

어? 정말요? 수학 교과서에 실려 있는 내용인데 바뀔 가능성이 있나요?

당연하죠. 다만 '곱셈과 나눗셈을 덧셈과 뺄셈보다 먼저 계산한다'처럼 널리 쓰이는 규칙들은 바뀔 가능성이 아주 낮다고 봐야겠죠. 그렇다고 앞으로 바뀔 가능성이 절대 없다고 말하기는 힘들어요.

혹시 초등학교 수학에서 배우는 내용은 모두 규칙인가요?

 아니에요. 이야기가 그렇게 간단하지만은 않아요.

수학은 '규칙'과 '사실'로 나뉜다

학교에서는 가르쳐 주지 않는 '규칙'과 '사실'의 차이점

 수학의 세계는 약속인 '규칙(정의)'과 이미 학문적으로 증명된 '사실(정리)'
로 구분되어 있어요. 실제로 초등학교뿐만 아니라 중·고등학교 교
과서 내용도 규칙과 사실이 뒤죽박죽 섞여서 다뤄지고 있어요.

 규칙 이외에 '사실'이라는 것도 있군요.

 이미 학문적으로 증명되어 있는 사실은 규칙과 달리 나중에 바뀔
가능성이 없죠. 증명할 때 기초가 되었던 규칙이 바뀌지 않는 한
절대로 이리저리 바뀔 일은 없습니다. 수학의 세계에서 바로 이 규
칙과 사실 두 가지가 존재한다는 것을 이해하는 게 수학을 잘하는 사람이
되기 위한 첫걸음이라고 할 수 있어요.

 그래요? 그런데 저는 수학 시간에 규칙과 사실의 차이를 배운 기
억은 없어요.

아마도 대부분 성슬 씨랑 똑같을 거예요. 저도 규칙과 사실을 명확하게 구별해서 이해하게 된 것은 대학교에 입학한 뒤니까요. 수학 연구자나 수학을 전공한 사람 입장에서는 규칙과 사실의 구분이 당연한데 보통 사람들은 잘 모르고 있어요.

 저도 전혀 몰랐어요.

 수학을 주제로 한 책을 읽다가도 글쓴이가 규칙과 사실의 차이를 제대로 이해하고 있는지 의심이 드는 글들을 볼 때가 있어요. 규칙과 사실을 정확히 구분해서 알려 주고 있는 선생님도 그다지 많지 않을 거라고 생각해요.

성슬의 Check Memo

☐ 수학 내용은 규칙과 사실로 나뉜다.

☐ 수학을 잘하는 사람이 되고 싶다면 수학 내용을 '규칙'과 '사실'로 나눠 생각하는 것이 중요하다.

오묘한 수학의 세계는 규칙과 사실로 나뉜다

 규칙

- 수학에서의 약속이다. '누군가 그렇게 하기로 정한 것'이기 때문에 모든 사람이 납득할 만한 명확한 이유는 없다.
- 앞으로 변경될 가능성이 있다.

사실

- 이미 학문적으로 증명되어 있다.
- 증명할 때 기초가 되는 규칙이 변하지 않는 한 내용이 바뀌는 일은 절대로 없다.

Q 재미의 발견

수학의 진짜 재미는 '사실'의 탐구!

규칙과 사실의 차이를 알게 되면 이해가 쉬워진다

 수학의 재미는 사실을 탐구하는 것에 있다고 생각해요. 많은 수학자들은 새로운 사실을 발견하기 위해 밤낮으로 수학 연구에 몰두하고 있는 것이거든요.

 오호라! 그랬군요! 그런데 수학에서 사실을 발견하는 일은 저처럼 수학의 기초도 모르는 사람에게는 완전히 다른 세상 이야기예요. 저는 그런 수준 높은 이야기가 아니라 기초적인 내용을 배우고 싶어요.

 절대 성슬 씨한테도 다른 세상 이야기가 아니에요! 초등학교 수학 중에도 사실이 많이 있고 성슬 씨도 충분히 이해할 수 있는 내용이에요. 좀 전에 성슬 씨도 말했듯이 초등학교에서는 규칙도 사실도 이유를 자세하게 설명해 주지 않고 계산 방법 등을 가르치기 때문에 둘의 차이를 잘 모를 수밖에 없다고 생각해요.

네, 솔직히 규칙과 사실의 차이에 대해서 전혀 모르겠어요.

 그래서 앞으로 초등 수학 중에 중요한 주제를 하나씩 골라서 규칙과 사실의 차이를 구별하면서 설명하려고 해요. 그리고 사실에 대해서는 '증명'도 함께 보여 드릴게요.
분명 학창 시절에 성슬 씨가 가지고 있던 궁금증이 말끔히 해소되고 수학이 10배 재미있게 느껴질 거예요. 당연히 조카를 가르칠 때도 자신감을 가질 수 있을 거고요.

 와! 어쩐지 굉장히 설레네요! 그런데 '증명'이 뭐예요?

 수학 세계에서 말하는 '증명'이란 대략적으로 말하면 어떤 주장이 논리적으로 올바르다는 것을 보여 주는 자세한 설명이에요. 증명을 통해 비로소 그 발견이 사실로 인정되는 거죠. 즉, 사실에는 반드시 증명이 존재한다는 의미이기도 합니다. 한 번 보는 것이 백 번 듣는 것보다 낫다고 하니까 이야기는 이 정도로 하고. 자, 하나씩 살펴볼까요?

 잘 부탁드립니다!

성슬의
Check
Memo

☐ 수학의 재미는 사실을 발견하거나 증명하는 데 있다.

☐ 수학의 내용을 규칙과 사실로 구분해 생각하면 이해가 깊어진다.

1장

어쩌면 앞으로
바뀔 수도 있다!?

초등 수학의 연산 공식

DAY 01~11

🔍 계산 순서

왜 덧셈과 뺄셈보다 곱셈과 나눗셈을 먼저 계산할까?

성슬 씨가 궁금해 했던 곱셈과 나눗셈을 먼저 계산하는 이유

 앞에서 성슬 씨가 초등학교 수학에서 처음으로 좌절했던 곱셈과 나눗셈을 덧셈과 뺄셈보다 먼저 계산한다는 내용부터 이야기할게요.

 앞에서 살짝 이야기가 나왔는데 이건 분명 '규칙'이지요?

 맞아요. 곱셈과 나눗셈을 먼저 계산한다는 규칙이에요. 제 나름대로 몇 가지 이유를 설명할 수는 있지만 역시 '모두가 100% 납득할 만한 이유'는 생각나지 않아요.

'왼쪽'부터 계산하면 무엇이 달라질까?

 예로 1+2×3을 계산해 볼까요? 보통 곱셈을 먼저 계산한다는 것이 규칙이니까 계산은 다음과 같겠죠.

$$1 + \underline{2 \times 3} = 1 + 6 = 7$$

네 그렇죠. 초등학교 때는 왜 곱셈을 먼저 계산해야 하는지를 몰랐기 때문에 다음처럼 계산해서 틀리곤 했죠.

$$1 + 2 \times 3$$
$$= 3 \times 3$$
$$= 9$$

 '곱셈 먼저 계산하기'라는 규칙이 있으니 분명히 틀린 거죠.

 그런데 왜 안 되는 거죠? 왼쪽부터 차례로 계산하는 것이 훨씬 이해하기 쉽지 않을까요?

 성슬 씨가 뭘 생각하는지 모르지는 않아요. 그렇지만 곱셈과 나 눗셈을 먼저 계산한다는 규칙을 생각해 낸 이유 중 하나로 괄호 를 일일이 쓰는 수고를 덜 수 있어 편리하다는 점을 들 수 있죠.

 어, 편리하다고 말할 수 있다는 것은 '왼쪽부터 계산하기'라는 규칙으로 해도 상관 없었다는 뜻인가요!?

 모두가 동의하고 그 규칙으로 계산한다면 '가능하다'라고 말할 수 있겠죠.
예를 들어 성슬 씨의 친구 사이에서만 통하는 '왼쪽부터 계산하 기'라는 특별한 규칙을 만들었다고 하더라도 수학적으로는 문 제가 없다는 말이에요.

아! 그랬군요. 그런데 수학적으로 문제는 없다고 해도 '왼쪽부터 계산하기'라는 규칙으로 식을 계산하면 답이 달라지죠?

 그렇죠. 구체적인 예로 설명하는 것이 이해하기 쉬우니까 다음 문제를 한번 생각해 볼게요.

? 문제

1000원짜리 주스 7개와 5000원짜리 도시락 5개를 사면 모두 얼마를 내야 할까요?

1000원　1000원　1000원　　　　5000원　　5000원

1000원　1000원　　　　5000원　　5000원

1000원　1000원　　　　　5000원

음, 주스가 (1000원×7개)이고 도시락이 (5000원×5개)니까…….

 곱셈과 나눗셈을 먼저 계산한다는 규칙을 사용하면 다음과 같은 식으로 답을 찾을 수 있죠.

$$1000 \times 7 + 5000 \times 5$$
$$= 32000원$$

그럼 '왼쪽부터 계산하기'라는 규칙을 사용하면 어떻게 될까요? 성슬 씨가 같은 식을 왼쪽부터 계산하는 규칙으로 한번 계산해볼래요?

 네.

$$1000 \times 7 + 5000 \times 5$$
$$= 7000 + 5000 \times 5$$
$$= 12000 \times 5$$
$$= 60000원$$

역시, 답이 틀렸네요…….

그렇죠. '왼쪽부터 계산하기'라는 규칙에서 올바른 답을 내리려면 다음처럼 식을 나눠야 해요.

```
1000 × 7 =  7000원
5000 × 5 = 25000원
7000 + 25000 = 32000원
```

 역시! 이렇게 하면 제대로 정답이 나오네요!

 또 다른 해결책으로는 **괄호가 있는 식을 먼저 계산한다**는 새로운 규칙을 만들면 다음과 같이 정리할 수 있어요.

```
(1000 × 7) + (5000 × 5) = 32000원
```

 식을 3개나 쓰는 것보다는 이게 더 간단하네요!

 곱셈과 나눗셈을 먼저 계산하는 방법에서는 괄호가 필요 없었지만 왼쪽부터 계산하는 것을 규칙으로 정하면서 괄호가 필요해진 거죠.

그러네요. 곱셈과 나눗셈을 먼저 계산하면 괄호를 쓰지 않아도 된다는 것을 알게 됐어요. 그런데 괄호를 쓰는 정도는 크게 문제 될 게 없을 것 같은데요.

 물론 성슬 씨처럼 괄호 정도는 괜찮다고 생각하는 사람도 있겠지요. 하지만 식이 더 복잡해지면 어떨까요? 예를 들어 아까는 주스, 도시락 두 가지였지만 계산해야 할 것이 열 가지 종류로 늘어나면 어떨까요?

 주스, 도시락이 괄호가 2개였으니까 열 가지가 되면 설마 괄호를 10개나 써야 하나요?

 당연하죠.

 이 예시에서는 곱셈과 나눗셈을 먼저 계산한다는 규칙 덕분에 괄호를 사용하지 않고 나타낼 수 있어서 좋다는 것을 확실히 알았어요. 다른 계산에서도 마찬가지인가요?

 예를 들면

- 50원짜리 동전 3개와 100원짜리 동전 2개가 있다면 모두 얼마일까요?
  → 50 × 3 + 100 × 2
- 567을 각 자릿수로 나누어 써 보면 어떻게 될까요?
  → 5 × 100 + 6 × 10 + 7 × 1

과 같이 일상에서 사용하는 많은 계산을 '곱셈과 나눗셈을 먼저 계산한다'라는 규칙 덕분에 괄호를 사용하지 않고 나타낼 수 있는 거죠.

 그렇군요. 곱셈과 나눗셈을 먼저 계산하는 것이 괄호를 일일이 적는 번거로움을 덜 수 있어 편리하다는 의미를 잘 알았어요.

 곱셈과 나눗셈을 먼저 계산한다는 것은 규칙이니까 모두가 100% 납득할 만한 설명은 할 수 없었지만 그래도 조금은 이해됐나요?

 70% 정도는 이해했어요!

 '곱셈과 나눗셈을 먼저 계산하기'는 수학 규칙의 한 예시예요. 수학 세계에는 '반드시 이렇게 풀어야 해!'라고 단언할 수는 없지만 편리하기 때문에 만들어진 규칙이 많이 있어요.

초등학교 때 제가 고민했던 '곱셈과 나눗셈 먼저 계산하기'는 편리성 때문에 만들어진 규칙이었군요.

 맞아요. '곱셈과 나눗셈 먼저 계산하기'는 규칙일 뿐 증명할 수 있는 것이 아니에요. 수학 세계에서는 이 규칙을 사실로 취급하는 것은 오류라고 말할 수 있죠.

 규칙이라는 의미는 앞으로 '왼쪽부터 순서대로 계산하는 시대'가 올 가능성도 있다는 거죠?

 '있을 수 없다'라고는 단언할 수 없죠. 다만 곱셈과 나눗셈을 먼저 계산하는 규칙은 아까도 말했듯이 편리성이 높은 규칙이에요. 이 규칙은 사실 '거의' 절대 변하지 않는다고 봐도 돼요.

성슬의 Check Memo

☐ '곱셈과 나눗셈을 덧셈과 뺄셈보다 먼저 계산하기'는 규칙이며 편리하기 때문에 사용되는 것이다.

☐ 수학 중에는 '편리성', '계산상 필요성'이라는 이유로 세워진 규칙이 많다.

Q 소수

왜 '1'은 소수가 아닐까?

'소수'의 규칙

 규칙에 대한 이해를 넓히기 위해 또 하나의 예를 들어 소개해 볼게요. 성슬 씨 혹시 **소수(素數)** 기억하나요?

 음, 학교에서 배운 기억은 있는데요……. 분명히 1 이외에 나눌 수 있는 수가 없는 숫자였던 것 같아요.

 거의 맞아요. 소수의 규칙은 다음과 같아요.

👆 **소수의 규칙**

소수란 약수가 1과 자기 자신뿐인 1보다 큰 자연수이다.

성슬 씨를 위해 '약수'에 대해 조금 이야기해 볼게요. 예를 들어 6은 2×3이니까 '2와 3은 6의 약수'가 되죠. 그러니까 10 이하의 소수는 '2, 3, 5, 7' 이 4개밖에 없어요.

생각났어요! 소수에도 규칙이 있었네요. 그런데 도대체 왜 '1보다 큰'이라는 조건이 붙어 있나요? 1을 소수에 포함해도 될 것 같은데요?

 어디까지나 규칙이니까 '1도 소수로 봐야 한다'라는 의견도 물론 있어요. 단 '소수에 1을 포함시키지 않는 것'에 대해서는 많은 사람이 납득할 수 있는 합리적인 이유가 있어요. 그건 **소인수분해의 일의성**이라는 사실로 간단하게······.

 일의성? 너무 어려워요.

 소인수분해의 일의성이라고 하면 용어는 어렵게 보이지만 내용은 간단해요.

| 소인수분해의 일의성 |

> 2 이상의 정수는 순서와 상관없이 한 가지 방법으로만 소인수분해할 수 있다.

예를 들어 12는 2×2×3이라는 소수만의 곱셈으로 표현할 수 있지요.

4×3이면 4가 소수가 아니니까 안 되는 거죠.

 4는 다시 2×2로 분해할 수 있죠. 이런 식으로 하면 12의 소인수분해는 2×2×3 한 가지뿐이라는 거예요. 이때 순서는 상관없기 때문에 2×3×2도 같은 식으로 볼 수 있어요.

 1이 소수에 포함되면 이상해지나요?

 1을 소수에 포함시켜 소인수분해를 하면

$$12 = 2 \times 2 \times 3$$
$$12 = 1 \times 2 \times 2 \times 3$$
$$12 = 1 \times 1 \times 2 \times 2 \times 3$$

위처럼 여러 가지 방법으로 할 수 있죠. 그러면 한 가지 방법으로만 소인수분해를 할 수 있다는 소인수분해의 일의성이 성립하지 않게 되어 버려요.

 그렇군요! 확실히 1은 몇 번을 곱해도 값이 바뀌지 않으니까요.

이 규칙에서 소인수분해의 일의성을 설명해 보면 '1을 제외한 2 이상의 정수는 순서와 상관없이 한 가지 방법으로만 소인수분해 할 수 있다'라고 표현할 수 있어요.

 설명이 길고 이해하기 어렵네요. '1을 제외한'이라는 부분이 더 추가됐어요.

 처음부터 '1을 소수에 포함시키지 않는다'라고 하는 게 훨씬 간단하죠.

영향이 '큰' 규칙과 영향이 '작은' 규칙

 소수에 1을 포함시키지 않는 것도 어떤 수든 소인수분해 방법 은 오직 하나뿐이라는 개념에 맞아야 하기 때문이라는 거죠.

 '1을 소수에 포함한다'라고 규칙을 바꿔도 사실을 설명하는 방 법이 조금 복잡해질 뿐이지 수학적으로 큰 문제가 생기지는 않 아요.

 그렇게까지 중요한 규칙이 아니라는 뜻인가요?

 사회에서도 사회 질서를 지키는 데에 중요한 규칙부터 그 자체 로는 사회에 큰 영향을 주지 않는 작은 규칙까지 모두 있잖아 요. 수학에도 영향력이 커서 중요한 규칙과 영향력이 작은 규칙이 모두 있어요.

그렇군요. 그럼 '곱셈과 나눗셈을 먼저 계산한다'라는 규칙과 비교하면 어느 쪽이 더 중요한가요?

 개인적으로는 '1을 소수에 포함시키지 않기'보다 '곱셈과 나눗셈을 먼저 계산하기'가 더 중요하다고 생각해요.

 왜죠?

 '곱셈과 나눗셈을 먼저 계산하기'라는 규칙을 변경하면 수학적 사실이나 수식을 쓸 때 더 많은 영향을 받으니까요. 물론 1을 소수에 포함시키지 않는 것이 더 중요하다고 생각하는 사람도 있을 수는 있어요.

성슬의
Check
Memo

☐ '소수에 1을 포함시키지 않기'라는 것은 규칙이다.

☐ 소수에 1을 포함한다고 해도 수학적으로 큰 모순이 발생하지는 않는다. 단, 소인수분해의 일의성 설명이 복잡해진다.

'자릿수 숫자의 덧셈'으로 어떻게 3의 배수를 찾아낼까?

수학에서는 절대적으로 성립하는 사실이 존재한다

 성슬 씨, 수학의 규칙을 좀 이해했어요?

 네, 꽤 이해됐어요.

 자, 그럼 이번에는 '사실'이 뭔지 구체적으로 살펴볼까요? 수학의 세계에는 규칙 말고 사실이라는 개념이 있어요. 사실은 규칙과 달리 학문적으로 증명되기 때문에 바뀔 일은 없죠. 그럼 한번 생각해 볼까요? 성슬 씨, 123은 3의 배수일까요?

 3을 계속 곱했을 때 123이라는 수가 나오는지를 묻는 거죠? 음……. 3을 40번 곱하면 120이고 41번 곱하면…….

 실은 3의 배수와 관련해서 다음의 '사실'이 이미 증명되어 있어요.

정수 중에서 각 자릿수 숫자의 합이 3의 배수이면 그 수는 3의 배수이다.

123의 각 자릿수의 숫자를 더하면 1+2+3＝6이 되겠죠? 그리고 6은 3의 배수(3×2＝6)잖아요. 그럼 123은 3의 배수라는 거죠.

그런 간단한 판별법이 있군요. 그런데 각 자릿수의 숫자를 더했을 때 3의 배수인 정수가 왜 실제로도 3의 배수가 되는 걸까요?

수학에서 사실은 '증명'할 수 있으니까 실제로 제가 증명해서 성슬 씨에게 보여 줄게요.

그럼 부탁드릴게요!

'1+2+3이 3의 배수이므로 123도 3의 배수가 된다'는 사실 확인하기

먼저 123을 100+20+3으로 나누어 식으로 쓰고, 그 식을 자릿수 형태로 나타내 볼게요.

$$100 = 1 \times 100$$
$$20 = 2 \times 10$$
$$3 = 3 \times 1$$

그 다음 100을 99+1, 10을 9+1로 쓰고

$$
\begin{aligned}
100 &= 1 \times (99 + 1) \\
20 &= 2 \times (9 + 1) \\
3 &= 3 \times 1
\end{aligned}
$$

거기서 99를 3×33, 9를 3×3으로 표현하면

$$
\begin{aligned}
100 &= 1 \times (3 \times 33 + 1) \\
20 &= 2 \times (3 \times 3 + 1) \\
3 &= 3 \times 1
\end{aligned}
$$

즉, 123은 다음과 같이 표현할 수 있어요.

$$
123 = 1 \times (3 \times 33 + \underline{1}) + 2 \times (3 \times 3 + \underline{1}) + 3 \times 1
$$

 거의 3이라는 숫자로 이루어졌네요.

 여기에서 괄호 안의 +1을 괄호 밖으로 빼면*

$$
123 = 1 \times (3 \times 33) + 2 \times (3 \times 3) + \underline{1} + \underline{2} + \underline{3}
$$

역자 주. 괄호 안에 있는 덧셈을 괄호 밖으로 뺄 때는 A×(B+C)=AB+AC라는 분배법칙에 따라 계산합니다. 분배법칙은 AB+AC=A×(B+C)라는 반대의 경우도 성립합니다.

이어서, 초록색으로 강조한 부분을 아래와 같이 정리하면

$$123 = \{1 \times (3 \times 33) + 2 \times (3 \times 3)\} + 1 + 2 + 3$$
$$= 3 \times \{(33 \times 1) + (3 \times 2)\} + 1 + 2 + 3$$

초록색 글씨 부분은 3의 곱셈으로 되어 있기 때문에 3의 배수라는 걸 알 수 있어요. 그럼 나머지 1+2+3은 어때요?

 1+2+3 = 6이니까 3의 배수네요!

 그렇죠. 성슬 씨 아래 초록색 부분을 잘 봐요. 뭐가 보여요?

3의 배수   각 자릿수 숫자의 합

$$123 = 3 \times \{(33 \times 1) + (3 \times 2)\} + 1 + 2 + 3$$

식에서 앞부분이 3의 배수이고 뒤의 각 자릿수 숫자의 합도 6으로 3의 배수이니까 123은 3의 배수이죠.

 와! 각 자릿수 숫자의 덧셈이 되어 있네요!

 그렇죠. 이것이 바로 1+2+3이 3의 배수이기 때문에 123도 3의 배수가 되는 원리입니다.

'각 자릿수 숫자의 합으로 3의 배수를 판단할 수 있다'라는
사실 증명하기

 근데 이건 123만 가능했던 건 아닌가요?

 그게 123 이외의 수도 가능해요. 그럼 백의 자리가 A, 십의 자리가 B, 일의 자리가 C인 ABC라는 세 자릿수의 정수로 생각해 볼까요?

$$ABC = A \times 100 + B \times 10 + C$$

아까와 같은 방법으로 이 식을 바꿔서 써 볼게요.

$$
\begin{aligned}
ABC &= A \times 100 + B \times 10 + C \\
&= A \times (3 \times 33 + \underline{1}) + B \times (3 \times 3 + \underline{1}) + C \quad \text{분배법칙}\\
&= \{A \times (3 \times 33) + A + B \times (3 \times 3) + B\} + C \\
&= \{3 \times (A \times 33) + 3 \times (B \times 3)\} + A + B + C \\
&= 3 \times (33 \times A + 3 \times B) + A + B + C
\end{aligned}
$$

 와우! 식 뒷부분이 A+B+C가 되어 있네요! 뭔가 신기해요. 왜 이렇게 되죠?

이유를 설명해 드릴게요. 요점은 $A \times (3 \times 33 + 1)$과 $B \times (3 \times 3 + 1)$의 괄호 안에 +1이 있어서 그런 거예요. 예를 들어 200을 풀어서 써 보면 $200 = 2 \times (3 \times 33 + 1)$이 되겠죠? 이 때 +1에 2를 곱해서 괄호 밖으로 빼면 $200 = 2 \times (3 \times 33) + 2$가 돼요.

 그러네요! 그렇다면 세 자릿수 말고 다른 자릿수도 가능한가요?

 두 자릿수든 네 자릿수든 똑같이 할 수 있어요.

● 두 자릿수 정수일 경우

AB = 3 × (3 × A) + A + B

→ 각 자릿수 숫자의 합 A + B가 3의 배수면 원래의 수 AB도 3의 배수이다.

● 네 자릿수 정수일 경우

ABCD = 3 × (333 × A + 33 × B + 3 × C) + A + B + C + D

→ 각 자릿수 숫자의 합 A + B + C + D가 3의 배수면 원래의 수 ABCD도 3의 배수이다.

여기서는 생략하지만 다섯 자리 이상이어도 모두 마찬가지예요. 참고로 수학을 잘하는 사람이라면 이 증명을 볼 때 또 하나의 다른 사실도 알 수 있을 거예요.

또 다른 하나의 사실이 있나요?

 식을 한 번 더 봐요. 아래와 같이 바꾸는 것도 가능하죠?

$$ABC = 3 \times (33 \times A + 3 \times B) + A + B + C$$
$$= 9 \times (11 \times A + B) + A + B + C$$

 와우! 이번에는 (9의 배수 + 각 자릿수 숫자의 합)이 됐네요!

 맞아요. 3의 배수와 마찬가지로 9의 배수에서도 같은 수학적 사실이 성립한다는 뜻이죠.

| 9의 배수에 대한 사실

> 정수에서 각 자릿수 숫자의 합이 9의 배수라면 그 정수는 9의 배수이다.

성슬의
Check
Memo

☐ '각 자릿수 숫자의 합이 3의 배수면 그 정수도 3의 배수'라는 내용은 수학적 사실이다.

☐ 수학에서 사실은 반드시 증명 가능하다.

Q 나눗셈

왜 6 ÷ 2 = 3일까?

초등학교에서 배우는 나눗셈의 규칙 '똑같이 나누어 갖기'

 선배의 이야기를 듣다 보니 수학의 규칙과 사실의 차이를 알 수 있게 된 것 같아요.

 그럼 진도를 나가 볼까요. 이번에는 나눗셈으로 해 볼게요.

 저는 나눗셈 때문에 초등학생 때 엄청 고생했어요.

 초등학교 수학에서 많은 수포자(수학 포기자)가 생기는 부분이 나눗셈이라고 하죠. 그런데 성슬 씨는 나눗셈을 아래처럼 배우지 않았어요?

🖐 나눗셈의 규칙

나눗셈 a ÷ b란 a개의 물건을 b명에게 똑같이 나누어 줄 때, 한 사람 당 몇 개를 나누어 가질 수 있는지 알아보는 것이다.

그림으로 보면 다음과 같은 이미지였을 거예요.

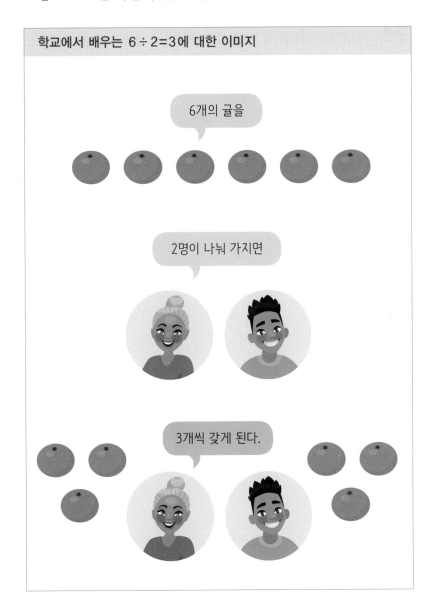

네, 바로 그렇게 배웠어요!

 저도 초등학생 때 그렇게 배웠어요. 초등학교에서 나눗셈은 곱셈 다음으로 배우는 과정인데, 그 이유는 나눗셈을 할 때 곱셈 원리가 사용되기 때문이죠.

 다양한 곱셈과 곱셈구구를 잘 연습해 두지 않으면 나눗셈이 어렵죠.

 사실 성슬 씨가 초등학교 시절에 배웠던 나눗셈의 규칙에서 다음과 같은 사실을 이끌어 낼 수 있어요.

> **| 사실**
>
> a ÷ b = c 일 때, a = b × c 이다.

 그렇지만……. 규칙에서 사실을 이끌어 낼 수 있나요? 규칙과 사실은 다른 게 아니었나요?

 지금까지 제가 규칙과 사실을 따로 설명했기 때문에, 성슬 씨가 그렇게 이해하는 것도 틀린 것은 아니에요. 하지만 실제 규칙과 사실이라는 말 사이에는 다음과 같은 관계도 있어요.

나눗셈을 '물건을 똑같이 나누는 것'이라는 규칙으로 정한 경우,
$a \div b$의 값이 c일 때, $a = b \times c$가 되겠죠? 예를 들어 $6 \div 2 = 3$
일 때 $6 = 2 \times 3$이 되는 거죠.

네. 맞아요.

따라서 '나눗셈 $a \div b$란, a개의 물건을 b명에게 똑같이 나누어
줄 때 한 사람당 몇 개를 나누어 가질 수 있는지 나타내는 것'이
라는 규칙에서 나온 '$a \div b = c$일 때, $a = b \times c$이다'는 반드시
그렇게 된다는 뜻이기 때문에 '사실'인 거죠.

그렇구나……. 아직 완벽하게 이해했다고는 말할 수 없지만 선
배 말은 이해가 돼요.

초등학교 '나눗셈 규칙'은 왜 이해하기 어렵지?

그런데 '물건을 똑같이 나눈다'라는 규칙으로 생각해 볼 때, 예
를 들어 $2 \div 0.5$처럼 소수를 포함한 나눗셈이 되는 순간 어렵게
느껴지죠.

2개의 귤을 0.5명에게 나누어 줄 때 한 사람당 몇 개씩 받을 수 있을까?

 0.5명으로 나눈다는 것을 잘 이해 못 하겠어요. 답은 4가 될 것 같은데 귤은 2개밖에 없으니 한 사람당 4개는 확실히 이상해요.

 성슬 씨 말이 맞아요. 물건을 똑같이 나눈다는 규칙으로는 소수의 나눗셈을 바르게 설명할 수 없죠.

초등학교에서 가르쳐 주지 않는 '나눗셈 규칙'

 그럼 소수의 나눗셈은 어떻게 이해해야 하죠?

 규칙을 바꾸는 거죠.

 어? 규칙을 바꿀 수 있나요?

 물론이죠. 'a개의 귤을 b명에게 똑같이 나눌 때, 한 사람당 얻을 수 있는 개수를 c로 하자'가 나눗셈의 규칙이었잖아요. 그 결과로 다음의 사실을 이끌어 낼 수 있었고요.

$a \div b = c$ 라면, $a = b \times c$ 이다.

그렇지만 똑같이 나누어 갖는다는 규칙으로는 소수의 계산을 제대로 설명할 수 없잖아요?

 그래서 앞의 사실을 참고해서 다음과 같은 규칙을 다시 정해 보는 거죠.

 나눗셈의 새로운 규칙

> a ÷ b란, a = b × c가 되는 c를 말한다.
> 즉, b를 곱하면 a가 되는 수를 말한다.

 그럼 '귤 2개를 0.5명으로 나눈다'라는 얘기는 어떻게 되는 거죠?

 일단 '물건을 나누기 위한 나눗셈'이라는 기존의 나눗셈의 규칙에 대한 생각을 버려야 해요.

 기존 규칙을 무시하라는 건가요?

2÷0.5는 앞으로 이렇게 생각해 봐요.

> 0.5를 곱했을 때, 값이 2가 되는 수를 찾는다.

실제로 해 볼까요?

> 2 ÷ 0.5 = c
> → 0.5 × c = 2가 되는 c를 찾는다.
> 0.5 × 4 = 2가 되므로, c=4
> 즉, 2 ÷ 0.5 = 4

 새로운 규칙으로 생각하면 소수의 나눗셈도 똑같은 방법으로 설명할 수 있네요. 사실 나눗셈은 '물건을 똑같이 나누어 갖기 위한 계산'이 아니었다는 얘기였어요!

 그렇게 되죠. 어떤 계산을 반대로 하는 것을 '역연산(逆演算)'이라고 하는데, **나눗셈은 곱셈의 역연산**이라고 말할 수 있어요.

 나눗셈이 곱셈의 반대라고요?

 나눗셈의 새로운 규칙을 사용하면, a = c × b일 때, a ÷ b = c가 되었다고 했잖아요. 이 두 식의 의미를 써 보면

> ● c에 곱셈(×b)을 하면 a가 된다.
> ● a에 나눗셈(÷b)을 하면 c가 된다.

라고 쓸 수 있어요. 이제 곱셈과 나눗셈이 서로 반대로 되어 있다는 것을 알 수 있을 거예요.

 나눗셈은 곱셈의 역연산이라는 뜻을 알겠어요. 왜 학교에서는 현익 선배처럼 가르쳐 주지 않나요?

 나눗셈은 영어로도 'division(분할, 분배)'이라고 하고, '물건 나누기'는 편리한 계산 방법이기는 하거든요. 초등학교에서는 실용적인 사고방식이 보다 중시되고 있기 때문에 그럴 수도 있어요.

 그것 때문에 저처럼 소수의 나눗셈에서 혼란스러워 하는 학생이 생기는 것 아닐까요? (울음)

 나눗셈은 곱셈의 역연산이라는 규칙은 언뜻 보기에 어려워 보이지만 이 규칙은 넓은 범위에 활용할 수 있어요.

성슬의
Check
Memo

☐ 사실 나눗셈은 '물건을 나누어 갖기 위한 계산'이 아니라 '곱셈의 역연산'이다.

🔍 0의 나눗셈

2 ÷ 0 = 0이 아니다!

2 ÷ 0을 계산할 수 있을까?

나눗셈에 대해 좀 더 깊게 이해하기 위해서 이제 '0의 나눗셈'을 해 봅시다. 성슬 씨 '2÷0'의 답이 뭘까요?

어…… 0이요? 저도 초등학생 때 0을 포함한 계산을 잘 이해하지 못했던 것 같아요.(땀)

먼저 '물건을 똑같이 나누어 갖기'라는 나눗셈 규칙으로 2÷0을 생각해 봅시다. '2개를 0명의 사람이 똑같이 나누면 1명당 몇 개를 가질 수 있을까?'로 바꿀 수 있겠죠.

'0명으로 나눈다'는 게 어떤 뜻인지 잘 모르겠어요.

성슬 씨 말이 맞아요. 답은 '모르겠다'라고 말하는 것으로 충분합니다. 그럼 다음은 나눗셈은 곱셈의 역연산이란 규칙으로 생각해 볼까요?

2÷0은 역연산 규칙에 따라 $0 \times c = 2$가 되는 c의 값이라고 바꿔 말할 수 있어요.

 어라? 0에는 무엇을 곱하든 0일 뿐이잖아요.

 맞아요. 0에는 무엇을 곱해도 0이니까 다음과 같이 답을 할 수 있어요.

---

2 ÷ 0의 값은 존재하지 않는다.

 그렇군요! 0이 아니라 '존재하지 않는다'가 답이군요!

'0의 나눗셈'의 다른 형태

 맞아요. 그럼 0÷2인 경우는 어떻게 될까요? '물건을 똑같이 나누어 갖기'라는 규칙으로 0÷2를 살펴보면 '0개를 2명이 똑같이 나누어 가질 때 1명당 몇 개를 얻을 수 있을까?'라고 질문을 바꿀 수 있어요.

 원래 0이니까 몇 명으로 나누든 0개죠!

 그렇죠. 답은 0! 나눗셈은 곱셈의 역연산이라는 규칙으로 살펴봐도 0÷2는 $2 \times c = 0$이 되는 c의 값이라고 할 수 있어요.

0이 아니면 답이 나오지 않으니까 c는 0인 거죠.

 정답! 답은 0이에요. 그럼 0÷0은 어떻게 될까요?

 0개의 물건을 0명으로……, 그 의미를 모르겠어요.

 맞아요. 물건 나누기로 생각하면 답은 '모르겠다'예요. 그럼 곱셈의 역연산 규칙으로 살펴보면 $0 \times c = 0$이 되는 c는 뭐죠?

 0에는 무엇을 곱하든 0이니까…….

 그래요. 어떤 수라도 0을 곱하면 0이 되어 버리니까, 답은 '모든 수'가 됩니다.

 오! 답이 나왔네요!

 지금까지 말해 본 내용을 정리하면 다음 같은 표로 정리할 수 있어요.

	물건 똑같이 나누어 갖기 규칙	곱셈의 역연산 규칙
$0 \div 2$	0	0
$2 \div 0$	모르겠음	존재하지 않음
$0 \div 0$	모르겠음	모든 수

앞의 표를 보면 곱셈의 역연산 규칙이 더 많은 경우의 값을 이해하기 쉽게 찾을 수 있다는 것을 알 수 있겠죠?

 나눗셈의 진짜 규칙은 곱셈의 역연산이라고 볼 수 있겠네요.

 참고로 위의 설명에서 0÷0은 모든 수라고 했지만, 나눗셈의 값이 하나로 정해지지 않는 것은 불편하니까, 보통 '0÷0의 값은 정하지 않음(정의할 수 없음)'이라고 해요. 즉, 51쪽에 나온 '나눗셈의 새로운 규칙'에 이 내용을 넣어 수정하면 다음과 같은 규칙으로 정리할 수 있어요.

> **나눗셈의 규칙**
>
> a ÷ b 란, b를 곱해서 a가 되는 c가 단 하나만 존재할 때, 그 c를 말한다.
> (단, c가 하나만 존재하는 것이 아닐 때, a ÷ b의 값을 정의하지 않음)

b=0인 경우는, 'b를 곱하면 a가 되는 c'가 존재하지 않거나, 모든 수가 되어 버려서 하나로 정해지지 않기 때문에 a÷0은 값을 정할 수 없다는 거죠.

 맞아요. 물건을 나누어 갖는 방법으로 생각한 나눗셈의 규칙은 처음에 이해하기 편했지만 소수로 나누는 경우는 잘 설명할 수 없었어요. 반면에 '역연산의 방법'은 조금 이해하기 어렵지만 소수나 0의 나눗셈도 하나의 규칙으로 설명할 수 있게 되죠. 이처럼 수학에서는 '제한된 규칙'으로 설명하기 어려운 부분을 좀 더 '일반적인 새로운 규칙'으로 다시 정하면 전체적으로 잘 설명할 수 있는 경우가 있어요.

성슬의
Check
Memo

☐ '2 ÷ 0'의 값은 0이 아니고, 존재하지 않는다!

왜 분모는 그대로 두고
분자만 더하는 걸까?

'수포자'가 속출하는 분수 계산

 나눗셈을 이해했다면 다음은 '분수'에 대해서 생각해 봅시다.

 허! 분수. 제가 너무 싫어했거든요! 분수 계산은 분모 통분하기, 분자 분모 자리 바꾸기 등 너무 복잡해서 힘들었어요.

 성슬 씨처럼 분수 계산은 '왠지 모르게 어렵다'라고 말하는 사람들이 많은 것 같아요. 분수 $\dfrac{a}{b}$ 규칙은 다음과 같아요.

👉 분수 $\dfrac{a}{b}$ 규칙

$$\frac{a}{b} = a \div b$$

예를 들면, $\dfrac{2}{3}$ 는 $2 \div 3$이죠. 이 규칙을 통해서 '분수의 덧셈 사실'을 증명해 볼게요.

앗! 분수의 덧셈은 '사실'인가요?

 그렇죠. '$\frac{a}{b}$는 $a \div b$와 같다'라는 분수의 규칙에 따르면 '분모를 통일하면 덧셈과 뺄셈을 할 수 있다'라는 것을 사실로 증명할 수 있어요.

'분수의 덧셈'이 어려운 이유

 분수의 덧셈은 흔히 '케이크 나누기'로 배우죠?

 그랬죠. '5조각으로 나눈 케이크 중 1조각과 3조각을 더하면 $\frac{4}{5}$가 된다' 이런 내용이죠?

 맞아요. 다음과 같은 방법이면 쉽게 이해할 수 있을 거라고 생각해요. 그림으로 볼까요?

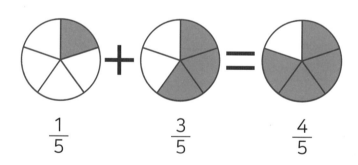

$$\frac{1}{5} \qquad \frac{3}{5} \qquad \frac{4}{5}$$

그림으로 보니 알기 쉽네요!

 그런데 '쉽게 이해할 수 있으니까, 이런 식으로 계산합시다'라면서 애매한 규칙을 사용하다 보면 나중에 곤란해지는 경우가 있어요.

 애매한 규칙을 사용하면 어떤 문제가 생기나요?

 '0의 나눗셈'을 생각해 봐요. '물건을 사람 수로 똑같이 나누기'라는 애매한 규칙으로 계산하니까 '0의 나눗셈'을 할 때 정확한 답을 낼 수 없었잖아요. 분수의 계산에서도 수학적 근거를 확인하게 되면 자신 있게 설명할 수가 있어요.

 '0의 나눗셈'을 배운 뒤라서 그런지 확실히 애매한 규칙은 찜찜하네요.

 수학을 좋아하는 사람들의 특징 중 하나가 규칙이 명확하지 않으면 싫어하는 거예요.

 많은 사람들이 그냥 인정하는 애매한 규칙이라도 수학을 좋아하는 사람들은 확실하게 확인하고 싶어한다는 거죠? (웃음)

'분수의 덧셈' 증명하기

 '나눗셈의 규칙'을 확실하게 머릿속에 넣어 두었다면 다음 내용도 이해하기 쉬울 거예요.

 나눗셈은 곱셈의 역연산이라는 규칙 말이죠!

 맞아요! 지금부터 '분수의 덧셈'에 대한 사실을 증명해 볼게요. 여기에서도 분모는 0이 아닌 수로 합시다.

> **| 분수의 덧셈 사실**
>
> $$\frac{q}{p} + \frac{r}{p} = \frac{q+r}{p}$$
>
> (단, p≠0)

 죄송한데……. 갑자기 어려워졌어요…….

 이건 '분수의 분모가 같은 p일 때는 분자인 q와 r을 그대로 더할 수 있다'라는 내용을 식으로 나타낸 거예요. 이 등호(=)의 왼쪽 부분을 조금 전에 배웠던 분수의 규칙 $\frac{a}{b} = a \div b$를 사용해서 다음과 같이 고치면

$$\boxed{\frac{q}{p}} + \boxed{\frac{r}{p}} = (q \div p) + (r \div p)$$

 그냥 나눗셈 식으로 고친 거죠!

 맞아요. 즉, 분수의 덧셈이라는 것은

$$(q \div p) + (r \div p)$$

처럼 '나눗셈끼리의 덧셈'이라 말할 수 있어요. 여기서 이 식에 p를 곱하면

$$\{(q \div p) + (r \div p)\} \times p$$
$$= (q \div p) \times p + (r \div p) \times p$$

 잠깐만요, 왜 갑자기 p를 곱하나요?

 나중에 왜 그런지 알게 되니까 여기서는 일단 참고, 계산부터 해 봅시다. 우선 $(q \div p) \times p$ 부분을 봅시다.

음…, q ÷ p는 'p를 곱하면 q가 되는 수'였죠.

 'p를 곱하면 q가 되는 수'에 p를 곱하면 어떻게 될까요?

 음……, 수수께끼를 푸는 것 같아요. 그렇지! q가 되는 거죠!

 바로 그거예요. $(q ÷ p) × p = q$가 됩니다. 마찬가지로 생각해 보면 $(r ÷ p) × p = r$이 되는 것도 알겠죠? 즉, 다음과 같은 식이 완성돼요.

$$
(q ÷ p) × p + (r ÷ p) × p
$$
$$
= q + r
$$

 그냥 덧셈이네요!

 그렇죠. 지금까지 결과를 정리하면 $\dfrac{q}{p} + \dfrac{r}{p}$에 p를 곱하면 $q+r$이 된다고 말할 수 있어요. 그럼 'p를 곱하면 q+r이 되는 수'를 나눗셈으로 나타내면 어떻게 될까요?

 음, 'b를 곱하면 a가 되는 수는 a ÷ b'라고 했으니까 'p를 곱해서 q+r이 되는 수는 $(q+r) ÷ p$'인가요?

맞아요. 즉 $\frac{q}{p} + \frac{r}{p} = (q+r) \div p$가 되는 거죠. 마지막으로 분수의 규칙 $\frac{a}{b} = a \div b$를 사용해서 등호(=)의 오른쪽 부분의 나눗셈 $(q+r) \div p$를 분수로 나타내면 $\frac{q}{p} + \frac{r}{p} = (q+r) \div p = \frac{q+r}{p}$이 되니까, 이걸로 분수의 분모가 같을 때는 분자끼리 그대로 더할 수 있다는 것이 증명된 거죠.

| 분수의 덧셈에 대한 사실

$p \neq 0$ 일 때

$$\frac{q}{p} + \frac{r}{p} = \frac{q+r}{p}$$

긴 여정이었지만 멋지게 이어지네요!

**'케이크 똑같이 나누기' 이미지를 버리면
분수의 계산을 더 쉽게 이해할 수 있다**

좀 어려웠지만 차분히 살펴보니 완전히 이해가 되네요!

분수의 덧셈에 대한 사실 증명에서 나눗셈은 곱셈의 역연산이란 규칙이 없었다면 이렇게 확실히 증명하기 어려웠겠죠.

나눗셈의 진정한 규칙을 알지 못하면 이 분수의 덧셈을 이해할 수 없는 거군요!

 사실 저도 케이크를 나누는 설명이 더 쉽다고 생각할 때가 있었어요.

 와! 정말요?

 그런데 높은 수준의 내용을 이해하기 위해서는 케이크 똑같이 나누기 같은 이미지만으로는 한계가 있더라고요.

 그래도 역시 케이크 설명이 쉽게 이해되기는 해요.

 여기까지만 설명한다면 그렇게 느낄 수도 있어요. 그럼 분수의 다른 계산도 볼까요?

성슬의
Check
Memo

☐ '나눗셈은 곱셈의 역연산', '분수=나눗셈'이란 두 가지 규칙에 따르면 분수의 덧셈에 대한 사실을 증명할 수 있다.

왜 분모는 분모끼리,
분자는 분자끼리 곱하는 걸까?

케이크 이미지는 잠시 잊자

 분수의 덧셈 다음은 뺄셈일까요?

 아니요. 분수의 뺄셈은 덧셈과 똑같은 원리예요. 분수의 덧셈 기호인 '+'를 '−'로 바꾸면 같은 증명이 성립되죠.

 그럼 다음은 곱셈이네요!

 맞아요! 분수의 곱셈은 '분모는 분모끼리 분자는 분자끼리 곱하기'이므로 계산 방법 자체는 단순해요.

 그런데 '케이크 $\frac{1}{5}$에 케이크 $\frac{2}{3}$ 곱하기'라는 상황 자체가 무엇을 뜻하는지 전혀 모르겠어요.

 그렇죠.(웃음) 물론 케이크 나누기 이미지를 알고 있으면 대략적으로 이해하는 데에 매우 유용해요. 다만 곱셈에서 더 나아가려면 제대로 된 이해가 필요하죠.

 네! 설명 부탁드려요!

'역연산'으로 분수의 곱셈 증명하기

 그럼 '분수=나눗셈=곱셈의 역연산'이란 생각으로 분수의 곱셈을 다시 볼게요.

$$\frac{a}{b} \times \frac{c}{d}$$

분수는 나눗셈을 바꾸어 쓴 형태라는 규칙을 사용하면 다음처럼 고칠 수 있어요.

$$\frac{a}{b} \times \frac{c}{d} = (a \div b) \times (c \div d)$$

 여기까지는 지난번의 덧셈과 같은 생각이군요!

 여기서 나눗셈은 곱셈의 역연산이라는 규칙을 생각해 봅시다. $a \div b$란 b를 곱하면 a가 되는 수를 말하는 거죠.

 덧셈에서도 나온 방법이군요!

 그렇죠. 아까 증명에서도 나왔지만 b를 곱하면 a가 되는 수에 b를 곱하면 어떻게 될까요?

 이번에도 수수께끼를 푸는 것 같아요. 답은 'a가 된다'이겠죠?

OK, 정답! c ÷ d에 대해서도 똑같이 생각하면 다음 식이 성립 된다는 것을 알 수 있어요.

$$\{(a \div b) \times b\} \times \{(c \div d) \times d\} \leftarrow \text{각 \{ \}의 값이 a와 c가 됨}$$
$$= a \times c$$

 즉, 조금 전의 곱셈 $(a \div b) \times (c \div d)$에 b와 d를 곱하면 답이 $a \times c$가 된다는 건가요?

 성슬 씨 잘 이해했네요! 식으로 정리하면 다음과 같은 형태가 되죠.

$$(a \div b) \times (c \div d) \times b \times d = a \times c$$

여기서 나눗셈을 한 번 더 분수식으로 고치면

$$\frac{a}{b} \times \frac{c}{d} \times b \times d = a \times c$$

와 같이 쓸 수 있어요.

 각 분모의 숫자를 곱하면 분자끼리만의 곱셈이 되는 것이군요!

앞의 식은 $\frac{a}{b} \times \frac{c}{d}$ 에 $b \times d$를 곱하면 $a \times c$가 된다는 뜻이지요. 그리고 '$b \times d$를 곱하면 $a \times c$가 되는 수'는 $(a \times c) \div (b \times d)$인거죠.

 그렇네요! 그렇다면 다음처럼 되는 건가요?

$$\frac{a}{b} \times \frac{c}{d} = (a \times c) \div (b \times d)$$

 그렇죠! 마지막으로 등호의 오른쪽 변에 있는 나눗셈을 분수로 고치면 다음처럼 돼요.

$$\frac{a}{b} \times \frac{c}{d} = \frac{a \times c}{b \times d}$$

 예를 들면 이런 거겠죠.

$$\frac{1}{5} \times \frac{2}{3} = \frac{1 \times 2}{5 \times 3}$$

결국 분수의 곱셈은 '분모는 분모끼리, 분자는 분자끼리 곱하는' 방법으로 계산할 수 있다는 거네요!

 맞아요. 이것으로 '분수의 곱셈은 분모는 분모끼리, 분자는 분자끼리 곱하기'라는 사실을 증명할 수 있죠.

$$\frac{a}{b} \times \frac{c}{d} = \frac{a \times c}{b \times d}$$

이해하기 어려운 분수도 수식만으로 이해할 수 있다

 $\frac{1}{5} \times \frac{2}{3}$ 라는 개념을 이해하기 어려웠는데 수식을 사용한 덕분에 분모는 분모끼리, 분자는 분자끼리 곱한다는 것을 이해할 수 있었어요.

 케이크 이미지는 특정한 경우의 분수 계산을 알기 쉽게 하려고 사용했던 것뿐이죠.

 그런데 오히려 그 이미지가 분수를 제대로 이해하려 할 때에는 방해가 되었다는 것이군요.

성슬의
Check
Memo

☐ '나눗셈은 곱셈의 역연산', '분수=나눗셈'이란 2개의 규칙에 근거하면 분수 곱셈 방법에 대한 사실을 증명할 수 있다.

☐ 분수를 제대로 이해하려면 케이크 이미지를 잊어버려야 한다.

왜 분모와 분자에
같은 수를 곱해도 괜찮은 걸까?

분수 계산의 또 다른 어려움 - 분모가 다른 분수의 덧셈

 분수의 곱셈 다음으로 '분모가 다른 분수의 덧셈' 이야기를 해 볼까요?

 '케이크 $\frac{1}{3}$과 케이크 $\frac{1}{2}$을 더하면 어떻게 될까?' 이런 문제 말씀하시는 거죠? 그런 걸 계산할 리가 없지요.(웃음)

 성슬 씨는 케이크 이미지가 좋은가 봐요.(웃음)

 아무래도 그래요. 저 같은 인문 계열은 '분수 = 케이크'라는 이미지가 조건반사적으로 떠오르기는 하거든요.

 케이크 이미지로 설명해 보면, 초등학교 때 '2개의 케이크를 일단 각각 6조각으로 똑같이 나눠서 그 중 하나의 케이크는 $\frac{1}{3}$이니까 6개 중 2개, 또 다른 케이크는 $\frac{1}{2}$이니까 6개 중 3개가 되고 이 케이크들을 더하는' 방법으로 배우기는 하죠?

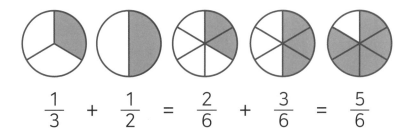

$$\frac{1}{3} + \frac{1}{2} = \frac{2}{6} + \frac{3}{6} = \frac{5}{6}$$

$$\frac{1}{3} + \frac{1}{2} = \frac{1 \times 2}{3 \times 2} + \frac{1 \times 3}{2 \times 3} = \frac{2}{6} + \frac{3}{6} = \frac{5}{6}$$

 맞아요, 맞아! 이거예요! 먼저 분모와 분자에 같은 수를 곱한 뒤에 분자끼리 덧셈하기!

 일단 위 그림을 보고 감각적으로는 이해했을 거라고 생각해요.

 그럭저럭 계산 방법을 이해는 했는데 '분모와 분자에 같은 수를 곱하는데 왜 값이 바뀌지 않지?'라고 고민했던 기억이 있어요.

사실 이건 아까 분수의 곱셈에서 잠깐 언급한 내용이기도 합니다. 제대로 증명해서 확인해 봅시다.

'통분에 대한 사실' 증명하기

 분모와 분자에 같은 수를 곱해도 왜 값이 바뀌지 않는지를 증명하는 거죠?

 맞아요, 지금부터 통분에 대한 사실을 증명할게요.

> **통분에 대한 사실**
>
> $$\frac{a}{b} = \frac{a \times c}{b \times c}$$

 그렇군요. $\frac{a}{b}$ 라는 분수의 분모와 분자에 같은 수 c를 곱한 $\frac{a \times c}{b \times c}$ 에서 값이 변하지 않는다는 걸 증명하는 거죠?

 맞아요. 성슬 씨 말대로예요. 우선은 분수 곱셈의 사실을 떠올려 봅시다.

$$\frac{a}{b} \times \frac{c}{d} = \frac{a \times c}{b \times d}$$

성슬 씨, 위 식에서 c와 d가 같다고 생각해 봐요.

 그럼, 이렇게 되는 거겠죠?

$$\frac{a}{b} \times \frac{c}{c} = \frac{a \times c}{b \times c}$$

 맞아요. 그럼 $\frac{c}{c}$ 는 얼마죠?

 분수는 나눗셈으로 고칠 수 있으니 $\frac{c}{c}$ 는 $c \div c$ 이고, '나눗셈은 곱셈의 역연산' 규칙에 따르면 $c \div c$ 는 c를 곱하면 c가 되는 수니까 답은 1이네요!

 그렇죠! 정리해 보면 다음과 같아요.

$$\frac{a \times c}{b \times c} = \frac{a}{b} \times \frac{c}{c} = \frac{a}{b} \times 1 = \frac{a}{b}$$

와, 통분의 사실이 증명됐네요. '나눗셈'과 '분수'가 연결되어 있다는 것을 알고 나니 쉽게 이해되네요!

통분은 분수의 곱셈에서 c와 d가 같은 특수한 경우라고 생각할 수 있죠. 이처럼 수학에서는 예를 들어 '분수 곱셈의 사실'과 같은 일반적인 중요한 사실에서 '통분에 대한 사실'과 같은 다른 사실을 이끌어 낼 수 있는 경우가 많이 있어요.

성슬의
Check
Memo

☐ '통분에 대한 사실'은 '분수 곱셈의 사실'에서 바로 이끌어 낼 수 있다.

☐ 수학에서는 '일반적인 중요한 사실'에서 '다른 사실'을 이끌어 내는 경우가 많다.

왜 분모와 분자의 위치를 바꿔서 곱하는 걸까?

초등학교 수학의 최대 난관 '분수의 나눗셈'

 분수의 곱셈에 대해 이야기했으니 이제 분수의 나눗셈 얘기를 해 봅시다.

 역시 케이크로 생각하면 이해할 수는 없는 거죠. '케이크 $\frac{1}{3}$을 다시 $\frac{1}{2}$로 나누기'가 무슨 말인지 알려 주세요!

 케이크 이미지를 버리지 않으면 이 계산도 제대로 이해하기 힘들어요.

 그렇네요. 케이크를 사용하지 않고도, 분수 나눗셈을 하는 방법과 그 이유를 알고 싶어요!

 분수 나눗셈을 하는 방법으로 **분모와 분자 위치를 바꿔서 곱하기**라는 것을 배우죠. 자, 예를 들면 다음과 같아요.

$$\frac{2}{3} \div \frac{4}{9} = \frac{2}{3} \times \frac{9}{4} = \frac{2 \times 9}{3 \times 4} = \frac{18}{12} = \frac{3}{2}$$

즉,

$$\frac{a}{b} \div \frac{c}{d} = \frac{a}{b} \times \frac{d}{c}$$

(단, b, c, d ≠ 0)

 맞아요 맞아! 그저 외우는 수밖에 없었지만 한쪽 분모와 분자 위치를 서로 바꿔서 곱셈을 했죠.

 이 계산을 케이크 이미지를 사용해서 설명하기는 어려워요. 이 것도 **분수=나눗셈, 나눗셈은 곱셈의 역연산**이라는 두 가지 규칙을 바탕으로 생각할 필요가 있어요.

 분수의 나눗셈은 초등학교 수학에서 트라우마 중 하나예요. 현 익 선배가 쉽게 설명해 주세요!

'분수의 나눗셈' 증명하기

 그럼 바로, 분수 나눗셈의 사실 $\frac{a}{b} \div \frac{c}{d} = \frac{a}{b} \times \frac{d}{c}$ 를 증명해 봅시다.

이번에도 분수를 나눗셈으로 바꾸는 거죠?

 그렇죠. 단, 이번에는 좀 특별한 경우예요. 우선 다음 식을 계산해 볼게요.

$$\left(\frac{a}{b} \times \frac{d}{c}\right) \times \frac{c}{d}$$

 왜 갑자기 이런 식이 나온 거죠?

 나중에 설명할게요. 일단은 궁금증을 참고 계산해 봅시다.

 분수의 곱셈에서 배웠던 내용을 이용하면 다음과 같이 되네요.

$$\left(\frac{a}{b} \times \frac{d}{c}\right) \times \frac{c}{d} = \frac{a}{b} \times \left(\frac{d}{c} \times \frac{c}{d}\right)$$
$$= \frac{a}{b} \times \left(\frac{d \times c}{c \times d}\right) = \frac{a}{b} \times 1 = \frac{a}{b}$$

그렇죠! $\left(\dfrac{a}{b} \times \dfrac{d}{c}\right) \times \dfrac{c}{d} = \dfrac{a}{b}$ 지요. 즉, $\left(\dfrac{a}{b} \times \dfrac{d}{c}\right)$ 는 $\dfrac{c}{d}$ 배하면 $\dfrac{a}{b}$ 가 되는 수이죠. 한편, 'B를 곱하면 A가 되는 수'가 A÷B였기 때문에 $\dfrac{c}{d}$ 배하면 $\dfrac{a}{b}$ 가 되는 수는 $\dfrac{a}{b} \div \dfrac{c}{d}$ 라고도 할 수 있어요.

 그러면

$\dfrac{a}{b} \div \dfrac{c}{d}$ 는 $\dfrac{c}{d}$ 를 곱하면 $\dfrac{a}{b}$ 가 되는 수

$\left(\dfrac{a}{b} \times \dfrac{d}{c}\right)$ 도 $\dfrac{c}{d}$ 를 곱하면 $\dfrac{a}{b}$ 가 되는 수

인가요?

 그렇죠. 결국 $\dfrac{a}{b} \div \dfrac{c}{d}$ 와 $\dfrac{a}{b} \times \dfrac{d}{c}$ 는 같은 수가 돼요. 그래서

$$\dfrac{a}{b} \div \dfrac{c}{d} = \dfrac{a}{b} \times \dfrac{d}{c}$$

라는 걸 알 수 있어요. 따라서 분수의 나눗셈은 한쪽 분모와 분자의 위치를 서로 바꿔 곱셈하면 된다는 것을 증명할 수 있지요.

$\dfrac{a}{b} \div \dfrac{c}{d} = \dfrac{a}{b} \times \dfrac{d}{c}$ 가 성립되는 이유를 잘 알았어요! 그런데 어째서 $\left(\dfrac{a}{b} \times \dfrac{d}{c}\right) \times \dfrac{c}{d}$ 라는 식으로 계산한 거죠?

 그렇게 계산을 하면 **증명이 수월**해지기 때문이죠.

 증명이 쉬워지기 때문에 갑자기 이런 계산을 했다는 건가요?

 맞아요. 수학의 어려운 증명을 보다 보면 '어디서 이런 식이 나왔고, 왜 결국에는 증명이 되는 거지?', '증명 자체는 이해가 되는데, 왜 그런 식으로 계산을 했지?'라는 궁금증이 자주 생기죠. 이런 것을 두고 **신의 계시**라고 하죠.(웃음)

 그렇군요. 하지만 '난데없이 나타나 증명을 수월하게 만드는 계산식'은 도대체 어떻게 생각난 걸까요?

 '수학 천재가 수식을 푸는 중에 순간적으로 번뜩인 아이디어'라고나 할까요?

 천재의 번뜩임이요?

그 증명을 어떻게 생각해 냈는지를 고민하는 것은 대단히 중요하고, 이와 같은 계산을 하게 된 생각의 과정을 알기 쉽게 설명할 수 있는 경우도 있어요. 하지만 '신의 계시'를 알기 쉽게 설명하는 것은 저도 어려울 때가 있어요.

 선배가 어려우면 저 같은 사람은 절대로 할 수 없다는 거잖아요?(울음)

 덧붙이면 이번 설명에서 '신의 계시적 증명'이라고 하는 사고방식을 이해시키려고 조금 과장된 이야기를 한 거예요. 다만 이 증명에서 $\left(\dfrac{a}{b} \times \dfrac{d}{c}\right) \times \dfrac{c}{d}$ 가 $\dfrac{a}{b}$ 로 같다는 것을 보여 주면 증명 가능하다는 것을 바로 아는 사람도 있으니까 '신의 계시'라고까지는 말할 수 없을지도 모르겠네요.

'나눗셈의 진정한 규칙'으로 분수 제대로 이해하기

 이쯤에서 분수 계산에 대한 설명은 마무리합시다. 성슬 씨 어땠어요?

 케이크 똑같이 나누기라는 생각을 버린 덕분에 분수 계산을 제대로 이해하게 되었어요!

 케이크 똑같이 나누기는 분수를 대략적으로 이해하는 데 있어서는 매우 도움이 돼요. 하지만 곱셈이나 나눗셈은 이와 같이 증명해서 확인해 보지 않으면 제대로 이해하기 어려울 거예요.

지금까지 나눗셈 계산은 머리로는 이해하지 못한 채 규칙을 외워서 사용해 왔어요. 그런데 현익 선배의 증명을 보고 이것이 규칙이 아닌 사실에 근거한 계산 방법임을 알았어요. 왜 초등학교에서 이런 방법으로 배우지 않는 거죠?

 케이크를 이용한 설명은 우선 학생들을 이해시키기에 편하고 간단하잖아요. 그래서 보통의 수학책에서는 케이크를 이용해 대략적인 분수를 이해시키고 나머지는 풀이 방식을 외우는 것으로 해결하려는 것 같아요.

 저도 이 나눗셈 부분을 이해하지 못해서 초등학생 때 완전히 헤맸죠.

 케이크 설명이 알기 쉽기는 하지만, '나눗셈 = 똑같이 나누어 갖기', '분수 = 케이크 나누기'라는 고정관념에 갇혀 버리면 결국 생각이 앞으로 더 나아갈 수 없을 때가 오죠.

 먼저 '나눗셈 = 똑같이 나누어 갖기'라는 고정관념을 갖고 있으니까 '분수 = 케이크 나누기'라는 고정관념도 저절로 생기네요.

 맞아요. 먼저 배웠던 나눗셈의 규칙을 '나눗셈 = 곱셈의 역연산'으로 다시 봄으로써 분수의 본질을 알 수 있어요.

이렇게 나눗셈에서 분수까지 살펴보니 수학에 대한 느낌이 확 달라지네요.

 케이크 같은 이미지로 일부 개념을 쉽게 파악하는 것 자체는 중요하다고 생각해요. 그런데 그 이미지가 모든 내용에 절대적으로 잘 맞는다고 생각하는 것은 위험해요. 케이크의 이미지를 떠올리면서도 수식으로 과정을 완전히 이해할 수 있는 사람이 진정으로 수학에 강한 사람이라고 생각해요.

 맞아요. 이미지도 수식도 모두 중요한 것 같아요!

성슬의
Check
Memo

□ 수학에서 대략적으로 전체를 이해하기 위해서는 이미지도 중요하다.

□ 수학에서 세세한 부분까지 제대로 이해하기 위해서는 수식도 중요하다.

왜 정수의 곱셈을 먼저 계산하고 소수점을 찍는 걸까?

'소수점 찍기'는 소수 계산의 수수께끼

 현익 선배, 그러고 보니 소수 계산은 분수와는 다른 건가요? 소수끼리의 계산을 하고 나서 소수점을 어디에 찍어야 하는지 몰라서 자주 틀렸던 기억이 있어요.

 소수의 곱셈은 '정수의 곱셈을 하고 나서 소수점 찍기'로 계산할 수 있어요. 좀 더 정확히 말하자면 아래와 같아요.

> **소수 곱셈의 사실**
>
> 소수의 곱셈은 아래의 순서로 계산할 수 있다.
> ① '소수점을 무시한 정수' 곱셈을 먼저 한다.
> ② '소수점보다 오른쪽에 있는 숫자의 개수'만큼 왼쪽으로 자리를 옮겨 소수점을 찍는다.

 예를 들어 2.3×0.6은 어떻게 되나요? '2.3을 0.6배 하기'는 상상하기가 어려워요.

소수 곱셈의 사실을 사용해서 순서대로 2.3×0.6을 계산해 봅시다.

① 소수점을 무시하고 정수로 곱셈을 한다.

먼저 2.3×0.6의 소수점을 무시하면 23×6으로 볼 수 있죠. 이것을 계산하면 138이 돼요. 이때 정수 138에는 소수점이 없지만 138은 138.0과 같다는 것을 생각해야 해요.

② '소수점보다 오른쪽에 있는 숫자의 개수'만큼 왼쪽으로 자리를 옮겨 소수점을 찍는다.

2.3과 0.6에서 소수점보다 오른쪽에 있는 숫자는 '2.3의 3'과 '0.6의 6' 2개이니 ①에서 계산한 138.0에서 왼쪽으로 두 자리를 옮겨 소수점을 찍으면 1.38이 되죠.

소수의 곱셈이 기억나네요. 그런데 어떻게 '정수의 곱셈을 하고 나서 소수점 옮기기'로 소수 곱셈이 가능한 것인가요?

'정수 곱셈을 하고 나서 소수점 옮기기로 소수 곱셈이 가능하다'는 것은 증명할 수 있는 사실이에요. 이 증명을 위해서 우선 소수의 규칙부터 이야기해 봅시다.

소수는 어떤 수인가?

소수의 규칙이라면 '$\frac{1}{10}$이 0.1이다'와 같은 건가요?

그래요. 좀 더 제대로 쓰면 다음과 같죠.

소수는 $\frac{1}{10}$ 이나 $\frac{1}{100}$ 이라는 분수를 사용해서 다음과 같이 나타낼 수 있는 수를 말한다.

$$1.23 = 1 + 2 \times \frac{1}{10} + 3 \times \frac{1}{100}$$

$$12.3 = 1 \times 10 + 2 + 3 \times \frac{1}{10}$$

$$4.56 = 4 + 5 \times \frac{1}{10} + 6 \times \frac{1}{100}$$

 규칙 안에 구체적인 숫자가 들어가 있네요.

 원래 소수점 이하 자리수가 n개인 경우는 $a \times \frac{1}{10^n}$ 같은 수를 사용해서 표현해요.

 아, 죄송해요. 지금은 이해가 안 가니 우선 계속해서 설명해 주세요.

 여기서는 우선 지금까지의 설명만 기억해 둬요. 그 다음에 소수에서의 $\times 10$ 과 $\times \frac{1}{10}$ 에 대해 살펴볼게요.

소수에서의 '×10'과 '×$\frac{1}{10}$'

 우선 '10배 하기'는 '소수점을 오른쪽으로 한 자리 옮기기'라고 생각하면 돼요.

 $1.23 \times 10 = 12.3$, $2.3 \times 10 = 23$, $0.4 \times 10 = 4$ 이런 건가요?

 맞아요. 우선 방금 전에 말했던 소수의 규칙을 사용해 이유를 설명하면

$$1.23 \times 10 = (1 + 2 \times \frac{1}{10} + 3 \times \frac{1}{100}) \times 10$$
$$= 1 \times \underline{10} + 2 \times \underline{\frac{1}{10} \times 10} + 3 \times \underline{\frac{1}{100} \times 10}$$
$$= 1 \times 10 + 2 + 3 \times \frac{1}{10}$$
$$= 12.3$$

위의 풀이처럼 '10배면 각 자리의 숫자는 변하지 않고 1, $\frac{1}{10}$, $\frac{1}{100}$이 10배가 되니까 소수점을 **오른쪽으로** 한 자리씩 옮기는 거예요.

 '10배 = 소수점을 오른쪽으로 한 자리씩 옮기기'라는 것은 알았어요.

 같은 방식으로 생각하면 '$\frac{1}{10}$배 하기'는 '소수점을 **왼쪽으로** 한 자리씩 옮기기'로 이해하면 되겠죠.

소수의 곱셈 증명하기

 이제 드디어 '소수 곱셈의 사실'을 증명할 차례네요. 조금 전에 사용한 2.3×0.6을 구체적인 예로 들어 설명할게요.

> 2.3 × 0.6

 '23×6=138로 계산한 뒤, 소수점 자리를 2개 옮겨 1.38이 되는 계산 원리'를 알 수 있다는 거죠?

 그래요. 우선

$$2.3 = 23 \times \frac{1}{10}$$
$$0.6 = 6 \times \frac{1}{10}$$

라고 쓸 수 있죠.

 $\frac{1}{10}$ 배 하는 것은 '소수점을 **왼쪽으로** 한 자리씩 옮기기'가 적용되기 때문이네요!

따라서 다음과 같이 계산할 수 있어요.

$$2.3 \times 0.6 = (23 \times \frac{1}{10}) \times (6 \times \frac{1}{10})$$

$$= (23 \times 6) \times \frac{1}{10} \times \frac{1}{10}$$

정수의 곱셈 23×6과 $\times \frac{1}{10}$이 2개인 식으로 나뉘었네요.

맞아요. $\frac{1}{10}$을 곱하는 것은 소수점을 왼쪽으로 한 자리씩 옮기는 것이니까…….

정수의 곱셈 23×6을 계산한 후 소수점을 왼쪽으로 두 자리 옮기면 2.3×0.6이 계산됐네요!

그래요. 소수의 곱셈은 이처럼 '정수의 곱셈'과 '$\times \frac{1}{10^n}$(n의 개수만큼 소수점의 위치를 왼쪽으로 옮기기)'로 나눌 수 있겠죠.

다른 숫자라면 어떻게 되나요?

예를 들어서 다음 식으로 해 봅시다.

$$1.23 \times 4.56 = \left(123 \times \frac{1}{10} \times \frac{1}{10}\right) \times \left(456 \times \frac{1}{10} \times \frac{1}{10}\right)$$

$$= (123 \times 456) \times \frac{1}{10} \times \frac{1}{10} \times \frac{1}{10} \times \frac{1}{10}$$

 123×456이란 정수의 곱셈과, 소수점을 왼쪽으로 한 자리 옮긴다는 의미의 $\times \frac{1}{10}$이 4개 생겼네요!

 계속해 보자면, 계산이 어렵겠지만 123×456의 답은 56088이므로 이 계산의 답은 5.6088이에요.

 소수의 곱셈을 할 때 정수의 곱셈을 하고 나서 소수점을 옮겨 찍는 이유를 잘 알겠어요! 소수 곱셈을 이해할 때도 분수 계산이 등장을 했네요.

 분수의 곱셈은 여러 가지 계산을 이해하는 데 중요한 역할을 담당하고 있어요.

 분수 곱셈의 사실을 이해하면 그것을 바탕으로 분수의 나눗셈, 통분, 소수의 곱셈 모두 쉽게 이해할 수 있군요.

성슬의 Check Memo

☐ 소수의 곱셈이 '소수점 옮겨 찍기'로 계산 가능한 이유를 증명할 수 있다.

☐ 소수의 곱셈을 증명할 때 분수의 곱셈이 등장한다.

🔍 반올림

왜 0~4는 버리고 5~9는 올리는 걸까?

반올림을 '5'부터 하는 이유

 지금까지 사칙연산이나 분수 등 계산 공식에 대해 말했잖아요. 계산 부분에서 성슬 씨가 궁금해 하는 부분이 따로 있을까요?

 있어요! 왜 반올림은 5부터 올리는지 이해가 안 돼요.

 그렇군요, 반올림?

 24를 반올림하면 20인데 왜 25는 반올림하면 30이 되나요?

 성슬 씨의 나이에 대해서는 얘기하지 않을게요.(웃음) '반올림' 자체는 확실히 재미있는 주제예요!

 의외로 심각한 내용인가요?

 반올림이란 말은 다음과 같은 '규칙'을 가리켜요.

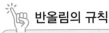
> 어떤 수의 특정 자릿수의 숫자가 0, 1, 2, 3, 4이면 버리고, 5, 6,
> 7, 8, 9이면 올린다.

반올림은 예를 들어 큰 자릿수를 어림잡아 파악하고 싶을 때 사
용해요. '어떤 수의 특정 자릿수의 숫자가 0, 1, 2, 3, 4이면 버리
고 5, 6, 7, 8, 9이면 올린다'라는 규칙이기 때문에 그렇게 해야
만 하는 절대적인 이유는 없어요. 그럼 왜 '5 이상'일 때부터 올
리는 것이 규칙이 되었는지 함께 살펴볼까요?

 네! 부탁해요!

'5부터 올림하기'는 당연하지 않다

 예를 들어 12000과 13000 사이의 정수를 백의 자리에서 반올림
하는 경우를 생각해 봅시다.

이 경우에는 12500에서 13000으로 반올림되는 거네요?

 맞아요. 좀 더 자세히 말하면 다음과 같아요.

> • 12000~12499는 12000
> • 12500~13000은 13000

 네, 여기까지는 이해했어요!

 그런데 '1000의 배수 중에서 가장 가까운 수는 뭘까?'라는 생각에서 다시 보면 재미있어지죠.

> • 12000~12499 중에서 1000의 배수에 가장 가까운 수는 12000
> • 12501~13000 중에서 1000의 배수에 가장 가까운 수는 13000
> 그리고,
> • 12500에서 1000의 배수에 가장 가까운 수는 12000과 13000

 12500은 12000과 13000의 딱 중간이네요!

 그렇죠. 12500은 중간에 있기 때문에 1000의 배수 중 가장 가까운 수로 12000과 13000 둘 다 될 수 있어요. 즉, '12500부터 올림하기'는 **1000의 배수 중 가장 가까운 수라는 관점으로는 설명할 수 없다는 뜻이에요.**

그럼 '12500은 버림'이라고 규칙을 바꾸는 것도 가능하다는 뜻이네요?

 맞아요. '1000의 배수 중 가장 가까운 수'라는 관점에서는 '백 단위 아래 숫자가 500 이하이면 버림하고 501 이상이면 올림하기'라는 규칙으로 정한다고 해도 현재의 반올림 규칙과 비슷하니까 합리적이라고 할 수 있어요.

'5부터 올림하기'가 규칙이 된 이유

 12500은 12000도 되고 13000도 될 수 있다는 의미죠. 결국 편한 대로 하면 된다는 의미인가요?

 1000의 배수 중 가장 가까운 수라는 이유로는 설명이 안 되지만 다른 이유로 설명할 수는 있어요. '5부터 올림하기'가 합리적인 이유로 버림하기·올림하기 계산이 좀 더 수월해진다는 것을 들 수 있거든요.

 5를 버림으로 하든 올림으로 하든 어느 쪽도 상관없을 것 같긴 한데요.

 그럼 실제로 2개의 규칙을 각각 사용해서 생각해 볼까요? 12000~13000 사이의 수를 백 단위에서 올림하고 내림하기를 할 때 다음과 같은 판단 기준이 생길 겁니다.

> ● 500을 버림하는 규칙을 선택했을 때
>
> <판단 기준>
>
> · 백 단위의 수가 500 이하이면 버림하기
>
> · 백 단위의 수가 501 이상이면 올림하기
>
> ● 500을 올림하는 규칙을 선택했을 때
>
> <판단 기준>
>
> · 백의 자리 숫자가 0~4라면 버림하기
>
> · 백의 자리 숫자가 5~9이면 올림하기

이와 같이 판단 기준에 차이가 생겨요. '500을 버림하는 규칙'에서는 백 단위 수 전체를 봐야 하는데 '500을 올림하는 규칙'에서는 백의 자리 숫자만으로 판단할 수 있게 되죠.

 그렇네요! 125□□일 때 500을 버림하는 규칙에서는 □□에 들어가는 숫자를 알지 못하면 버려야 할지 올려야 할지 판단할 수 없지만, 500을 올림하는 규칙에서는 □□을 알지 못해도 올림한다는 것을 알 수 있네요.

 그렇죠. 그럼 끝으로 반올림 규칙의 이유를 정리해 봅시다.

> **반올림 규칙의 이유**
>
> - 반올림은 기본적으로 '끝수를 처리하여 대략적인 숫자'를 표시하기 위한 방법이다.
> - 단, 올림이든 버림이든 빠르게 판단하기 위해서 기준이 되는 자릿수의 중간 수는 올림으로 처리한다.

 역시, 스물다섯 살을 반올림하면 '서른'이 되어 버리는군요.(눈물)

 예를 들면 5000원에 해당하는 물건에 10% 부가가치세가 붙으면 5500원인데 반올림하면 6000원이 되죠. 그러면 부가가치세를 20%나 내는 꼴이 되니까 조금 손해 보는 느낌이 들 수도 있어요.

 정말 그래요! 억울해요! 지금까지 몰랐어요.(땀)

 이렇듯 반올림은 일상생활에서 많이 사용되기 때문에 좀 이르지만 초등학교에서도 가르치는 것이 아닐까 생각해요.

성슬의 Check Memo

☐ 반올림의 규칙은 '끝수를 처리하여 대략적인 숫자를 나타내고 싶다'라는 이유만으로는 규칙의 이유를 설명 할 수 없다.

☐ '5부터 올림하기'가 합리적인 이유는 버림하기·올림하기 계산이 더 수월해지기 때문이다.

2장

구분이 필요한
'규칙'과 '사실'의
세계

'도형'의 공식

DAY 12~24

왜 원의 각도는
360°일까?

'도형의 공식' 생각하기

 지금부터는 '도형의 공식'을 다루어 볼까요?

 도형이라……. 도형도 저에게는 좋은 추억이 없네요.(땀)
도형이면 공식 투성이잖아요.

 도형에는 외워야 할 공식이 확실히 많이 있긴 하죠. 단, 규칙과
사실을 정확히 구분해 두면 도형 개념이 머릿속에서 정리되기
때문에 확실히 쉽게 이해할 수 있어요.

 정말요? 선배 덕분에 수식도 이해할 수 있었으니까 도형도 잘
부탁드려요.

'각도'란?

 성슬 씨, 우선 원의 각도부터 살펴볼까요? 원의 각도가 몇 도인
지 기억나요?

 네, 그 정도는 당연히 외우고 있죠! 360° 맞죠?

 맞아요. 원의 각도 규칙은 다음과 같아요.

👉 **원의 각도 규칙**

원의 각도는 360°이다.

360°

 어? 360°라는 숫자는 규칙이 아니라 사실 아닌가요?

 360°라는 숫자는 규칙이에요. 360°로 해 두면, 여러 가지로 편리해서
지금도 널리 사용되고 있지요.

 헉! 360°가 '편리성' 때문이었군요.

그 이유를 여러 가지로 설명할 수는 있지만, 모두가 납득할 만한 이유는 없어요.

 그럼, 360°란 숫자가 앞으로 350°, 370° 이렇게 바뀔 수도 있다는 건가요?

 350°나 370°가 될 가능성은 굉장히 낮다고 보지만 어디까지나 규칙이기 때문에 '다른 숫자로 절대 바뀌지 않는다'라고 장담할 수는 없다는 거예요.

 설마 360°가 바뀔 수 있는 숫자라고는 생각하지 않았어요.(땀)

 이유를 하나 든다면 '360은 약수가 많은 숫자이기 때문'이라고 말할 수 있어요. 한 자리 숫자 중에서 7 이외에 1, 2, 3, 4, 5, 6, 8, 9는 모두 360을 나머지 없이 나눌 수 있는 약수잖아요?

 약수가 많으면 뭐가 좋은가요?

 약수가 적으면 원을 나눌 때 각도 계산이 귀찮아지죠. 예를 들어 원 한 바퀴의 각도가 만약 350°라면 케이크를 3조각으로 똑같이 나누었을 때 케이크 조각 1개의 중심각이

$$350 \div 3 = 116.66\cdots$$

과 같은 숫자가 되죠.

오! 그렇네요. 원 한 바퀴가 360°라는 규칙 덕분에 케이크 1개를 3조각으로 나누었을 때의 중심각이 360÷3＝120°라는 정수가 되는군요.

 원 각도의 규칙을 근거로 생각하면 **반원 각도는 180°라는 사실**이 나와요.

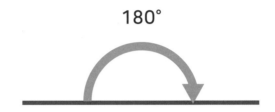

성슬의
Check
Memo

□ '원의 중심 각도 = 360°'는 규칙이다.

□ 360이라는 숫자는 약수가 많기 때문에 원을 나눌 때 중심각이 정수로 나오기 쉽다.

2장 • 구분이 필요한 '규칙'과 '사실'의 세계　　103

왜 {180° × (n−2)}일까?

각도의 규칙과 사실

 원과 반원의 각도에 대해 말했으니까, 다음은 '삼각형의 내각'에 대해 말해 볼게요.

 음, 내각 자체를 모르겠어요. 야구 용어였나요?

 성슬 씨! 도형 용어죠.(웃음) 내각이란 도형 꼭짓점 안쪽에 있는 각도이고 반대로 바깥쪽 각도를 외각이라고 해요.

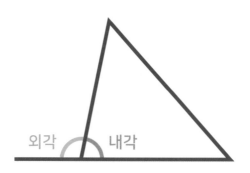

외각   내각

그러면 이제부터 '다각형의 내각의 합'에 대해 생각해 봅시다. 먼저 삼각형부터 생각해 볼까요?

 왜 삼각형부터 이야기하나요?

 사각형이나 오각형 내각의 합은 삼각형 내각의 합에 대한 사실을 근거로 이끌어 낼 수 있기 때문이에요.

 삼각형을 기준으로 생각하는군요.

 그래요. 먼저 결론을 말하자면 삼각형 내각의 합은 180°예요.

> **삼각형 내각의 사실**
>
> 삼각형 내각의 합은 180°이다.

 '반원의 각도'와 '삼각형 내각'의 합은 모두 180°로 똑같네요!

 그렇죠. 삼각형 내각의 합이 180°임을 증명할 때는 '평행선의 엇각'을 사용해요.

평행선에서 교차하는 직선에 의해 생기는 엇각은 크기가 같다.

 '엇각'이 뭐였죠?

 그림과 같은 관계에 있는 두 각도를 말하죠.

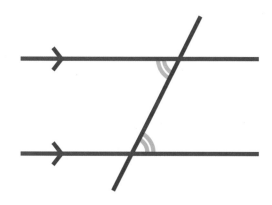

좀 더 자세히 말하자면 평면 위에 있는 두 직선이 '평행'이라는 뜻은 2개의 직선을 아무리 길게 늘려도 2개의 직선이 서로 만나지 않는 것을 말해요.

그리고 '엇각'이란 두 직선에 다른 1개의 직선이 교차될 때 생기는 각 중 '엇갈린 위치에 있는 각의 쌍'을 말하는 거예요.

대화 중에 시간을 들여 의견을 좁히려고 해도 좀처럼 되지 않을 때 '양쪽 의견이 평행선을 달린다'라고 말하죠.

 '아무리 길게 늘려도 만나지 않는다'는 것과 '시간을 들여도 서로 의견이 좁혀지지 않는다'는 것이 맥락상 비슷하기는 하죠. 참고로 '평행선의 엇각은 크기가 같다'라는 것을 설명하려면 복잡해지니 여기서는 '엇각의 크기는 똑같다'라는 것을 '사실'로 인정합시다. 그 부분을 확인하고 싶으면 따로 찾아보도록 하고.

'삼각형 내각의 합' 증명하기

 여기서부터는 '평행선에서 엇각의 사실'을 사용해서 삼각형 내각의 합이 180°가 되는 것을 증명할게요. 삼각형 한 변에 평행한 직선 L을, 삼각형의 꼭짓점을 지나도록 그려요.

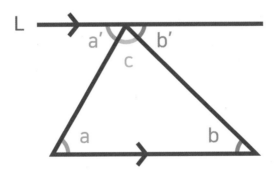

역자 주. 우리나라의 초등학교 수학 수업 시간에는 삼각형 모양의 종이 중 꼭짓점 부분을 찢어서 합쳐 보는 활동을 통해 내각이 180°가 된다는 사실을 보여 주기도 합니다.

조금 전 '평행선에서 엇각의 크기는 같다'는 사실을 사용하면 평행선으로 생긴 ∠a′와 내각 ∠a, ∠b′와 내각∠b는 각각 엇각이죠.

그 말은 ∠a′와 ∠a, ∠b′와 ∠b는 각각 크기가 같다는 뜻이네요!

바로 그거예요. ∠a′와 ∠a, ∠b′와 ∠b가 각각 같기 때문에 **∠a, ∠c, ∠b를 합하면 반원이 된다**는 것을 알 수 있죠. 즉, 삼각형의 내각인 ∠a, ∠b, ∠c를 모두 더하면 반원의 크기인 $180°$가 되는 거죠.

계산 이야기와는 달리 이해하기 쉽군요!

도형 중에서도 '모양'과 관련된 부분은 감각적으로 알 수 있는 부분이 많아서 알기 쉬울 수도 있어요. 다음으로 사각형의 내각에 대해서도 알아볼까요?

'사각형 내각의 합' 증명하기

사각형은 어떻게 이해해야 할까요?

사각형의 경우는 다음 두 가지 증명 방법이 있어요.

① 대각선을 그어서 2개의 삼각형으로 나누는 방법

② 중심에 점을 찍고 4개의 삼각형으로 나누는 방법

 두 가지나 있나요?

 맞아요. 먼저 이해하기 쉬운 ①번 방법부터 설명할게요. 아래 그림처럼 사각형에 대각선을 그으면 두 삼각형으로 나누어지죠. 삼각형 내각의 합이 180°이니 2개를 합친 사각형 내각의 합은 360°가 된다고 볼 수 있죠.

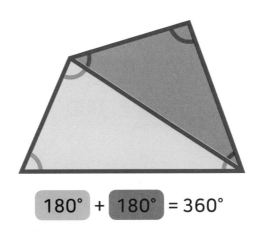

180° + 180° = 360°

그렇군요!

 그럼 그다음 방법인 ② '중심에 점을 찍는 방법'으로 증명해 볼
게요. 사각형 가운데 점을 찍어 4개의 꼭짓점에 각각 선을 그으
면 4개의 삼각형이 만들어지죠.

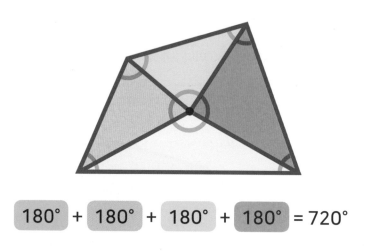

180° + 180° + 180° + 180° = 720°

 이번에는 삼각형이 4개네요.

 삼각형 내각의 합은 180°니까 4개의 삼각형 내각의 합을 계산하
면 180×4=720°가 되지요.

720°라는 게 상상이 되지 않지만 확실히 계산상으로 그런 결과가 나오네요.

 그래서 조금 전에 찍었던 점에 주목하면 이 점 주위로 4개의 삼각형 꼭지각이 모여 있고 그 크기를 다 더하면 360°라는 것을 알 수 있죠.

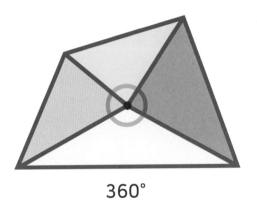

360°

 정확히 가운데 점을 중심으로 원이 그려지네요.

또, 삼각형 4개의 꼭짓점이 모인 '중심을 제외'하면 각 삼각형 밑각들이 사각형의 내각이 되어 있다는 것도 알 수 있겠죠?

 그러니까 가운데를 제외한 부분, 중심점에 모여 있는 각을 뺀 삼각형의 밑각들이 사각형의 내각이라는 것이군요.

 따라서 이 사각형의 내각은 삼각형 4개의 내각의 합에서 중심 부분을 빼면 구할 수 있게 돼요. 즉, 이렇게 계산하면 돼요.

$$\underset{\substack{\text{삼각형 4개의}\\\text{내각의 합}}}{180 \times 4} - \underset{\substack{\text{중심}\\\text{부분}}}{360}$$

$$= 720 - 360$$

$$= 360°$$

 삼각형의 개수를 세고 거기에서 360°를 빼면 내각의 합을 알 수 있군요! 사각형 말고 다른 도형도 같은 방법으로 가능할 것 같네요.

다양한 문제를 풀 수 있게 만들어 주는 '일반화'의 힘

 내각의 합을 구하는 방법 두 가지를 가르쳐 주셨는데, 방법 ①의 설명이 이해하기 쉬운 것 같아요. 방법 ①만으로는 충분하지 않은가요?

증명 방법에는 여러 가지가 있어서 사람마다 이해가 잘 되는 설명이 따로 있어요. 개인적으로는 증명 방법 ②가 다각형을 취급할 때 ①보다 더 적절한 방법이라고 생각해요.

 왜 그렇죠?

 먼저 꼭짓점이 n개 있는 다각형을 'n각형'이라고 해 봅시다. 좀 전에 설명한 ②와 같은 방법으로 중심 부근에 점을 찍고, 그 점에서 모든 꼭짓점으로 선을 그으면 꼭짓점의 수와 같은 n개의 삼각형이 생기죠.
거기서 아까와 마찬가지로 중심 각도의 합인 360°를 빼고, 다각형의 내각의 합을 구하면, 다음과 같은 식이 되지요.

> 180 × n - 360
> = 180 × n - 180 × 2   공통인수로 묶기
> = 180° × (n - 2)

즉, 다음과 같은 사실을 이끌어 낼 수 있어요.

│ 다각형 내각의 합에 대한 사실

n각형의 내각의 합 = 180° × (n - 2)

사각형 이외의 다른 도형도 이 식을 사용하면 내각의 합을 구할 수 있다는 건가요?

 당연하죠! 한 가지 식으로 여러 가지 문제를 푸는 방법을 이끌어 낸 것을 일반화라고 말해요.

 방법 ①로는 일반화된 식을 이끌어낼 수 없나요?

 물론, 다각형의 1개의 꼭짓점에서 대각선을 그으면 (n-2)개의 삼각형이 생기니 똑같은 공식을 이끌어 낼 수는 있어요. 단, ②번 쪽이 대칭으로 아름답다고 생각해요.

 대칭으로 아름답다고요?

 ①을 일반화한 방법은 '1개의 꼭짓점을 특별하게 취급'하는 반면에, ②를 일반화한 방법은 '어느 꼭짓점이든 대등한 관계에 있는 대칭'이라는 느낌이랄까요? 어디까지나 개인적인 느낌의 차이겠지요.

성슬의 Check Memo

☐ 다각형 내각의 합은 $180° \times (n-2)$이다.

☐ 같은 사실을 여러 가지 방법으로 증명할 수 있다.

왜 세 변의 길이가 각각 같은 2개의 삼각형은 합동일까?

합동이란?

 다음은 삼각형의 '합동'에 대해 생각해 봅시다.

 '합동'이 뭐였죠?

 합동의 규칙은 다음과 같아요.

 합동의 규칙

> 합동이란 어떤 도형을 회전시키거나 뒤집거나 이동시키면 또 하나의 도형과 겹쳐지는 것을 가리킨다.

 '방향이 다르더라도 사실은 같은 모양의 도형', 이런 건가요?

 느낌은 대충 맞아요.

'삼각형의 합동 조건' 증명하기

 자, 다음은 삼각형의 합동 조건에 대해서 생각해 봅시다. 삼각형 합동 조건 중 하나로 '세 변의 길이가 각각 같은 2개의 삼각형은 합동이다'라는 것이 있어요.

 예를 들어 '세 변의 길이가 5cm, 6cm, 7cm'인 두 삼각형이 있으면 딱 겹쳐진다는 거죠?

 맞아요. 삼각형의 합동 조건에 여러 가지가 있는데 이건 훌륭한 사실이에요.

 사실이라는 것은 증명할 수 있다는 거죠?

 네. 고등학교 수학에서 배우는 '코사인 정리'를 사용하면 쉽게 설명할 수 있지만 초등 수학에서도 감각적으로 쉽게 설명하는 방법이 있어요.

 감각적으로 쉽게 아는 게 좋아요! 설명 부탁드릴게요.

 '세 변의 길이가 5cm, 6cm, 7cm'인 두 삼각형이 반드시 딱 겹친다는 것을 설명할게요. 그림을 보면 삼각형 중 가장 긴 변 AB에 주목해 봅시다. 길이가 7cm지요. 그리고 또 다른 삼각형에서 길이가 7cm인 변 A′B′를 원래 삼각형 변 AB에 딱 맞춰 볼게요. 맞출 때 C와 C′가 변 AB보다 위쪽에 있는 모양으로 둡시다.

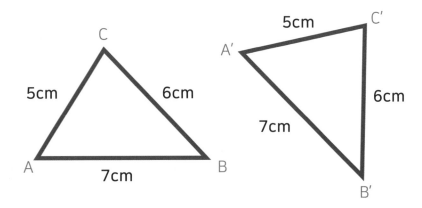

 합동인지 아닌지 이 시점에서 알 수는 없겠지요?

 그렇죠. 다만 적어도 변 AB와 변 A´B´는 길이가 같기 때문에 각각의 변이 겹친다는 것은 확실하죠. AB가 겹칠 때 나머지 AC와 BC도 딱 겹치면, 이 두 삼각형은 합동이라고 볼 수 있죠.

 음, 하지만 어떻게 증명하죠?

 삼각형의 꼭짓점 C와 이동시킨 삼각형의 꼭짓점 C´가 정확히 겹쳐진다는 것을 설명할게요.

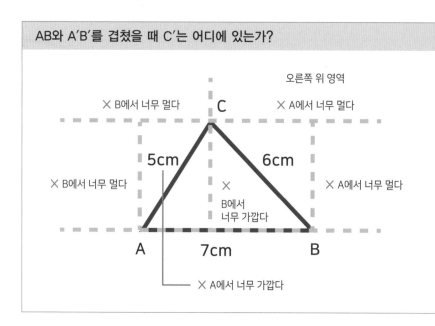

AB와 A′B′를 겹쳤을 때 C′는 어디에 있는가?

오른쪽 위 영역

✕ B에서 너무 멀다 C ✕ A에서 너무 멀다

5cm 6cm

✕ B에서 너무 멀다 ✕
B에서
너무 가깝다 ✕ A에서 너무 멀다

A 7cm B

✕ A에서 너무 가깝다

예를 들어 만약 'C가 오른쪽 위 영역에 있다'라고 하면, A′C′는 길이가 5cm보다 길어져요. 따라서, 'C가 오른쪽 위 영역에 있다'라는 것은 있을 수 없는 일이에요.

마찬가지로 다른 경우도 하나하나 확인해 가면, C′가 C와 겹칠 때 말고는 A′C′ = 5cm, B′C′ = 6cm가 될 수 없다는 것을 알 수 있죠.

이동해 온 삼각형이 A′C′ = 5cm, B′C′ = 6cm이기 때문에 C′와 C는 딱 맞아 떨어질 수밖에 없는 거죠.

그래요. 여태껏 설명한 것이 '세 변의 길이가 5cm, 6cm, 7cm'인 두 삼각형은 반드시 딱 들어맞는다는 대략적인 증명인 거죠.

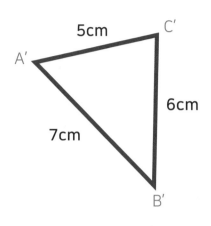

 다른 삼각형도 똑같나요?

 네, 위 설명은 세 변의 길이가 '5cm, 6cm, 7cm'가 아닌 경우에도 똑같이 성립해요. 그래서 '세 변의 길이가 각각 같은 두 삼각형은 합동'임을 알 수 있어요.

 이번에는 수식이 없는 증명이었네요!

 그러네요. 증명에 수식이 필수는 아니에요. 모든 사람이 받아들일 수 있으면 증명이라고 할 수 있어요.

성슬의
Check
Memo

☐ '세 변의 길이가 각각 같으면 합동'이라는 삼각형의 합동 조건은 사실이므로 증명할 수 있다.

☐ 수식을 거의 사용하지 않는 증명도 있다.

왜 2개의 내각이
크기가 같을까?

'이등변삼각형'이란?

삼각형의 합동 조건 다음으로 이등변삼각형에 관해서도 알아봅시다. 이등변삼각형의 규칙은 다음과 같아요.

> 👆 **이등변삼각형의 규칙**
>
> 이등변삼각형은 두 변의 길이가 같은 삼각형이다.

이 규칙은 저도 알아요. 이등변삼각형에 대해서는 이것 이외의 규칙이나 사실은 없나요?

이등변삼각형에서 **밑변에 접하는 2개의 각(밑각)은 크기가 같아요.** 이것은 규칙에서 도출할 수 있는 사실이죠.

'이등변삼각형 밑각의 사실' 증명하기

'이등변삼각형은 두 밑각의 크기가 같다'는 것을 증명해 볼게요. 다음 그림과 같이 꼭짓점 A에서 밑변 BC의 가운데 점 D에 선을 그어 봅시다.

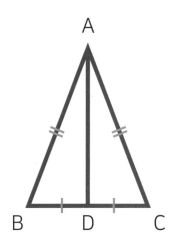

그리고 나면 삼각형 ABD와 삼각형 ACD에 대해 다음처럼 말할 수 있죠.

- D는 BC의 가운데에 있는 점이므로 BD와 CD의 길이는 같다.
- AB와 AC는 이등변삼각형의 두 변이므로 길이가 같다.
- AD는 공통이므로 길이가 같다.

즉, 대응하는 세 변의 길이가 각각 같다는 거죠!

'세 변의 길이가 각각 같을 경우 두 삼각형은 합동'임을 방금 증명했잖아요. 따라서 **삼각형 ABD와 삼각형 ACD는 합동**이라고 말할 수 있는 거죠.

 합동은 딱 겹쳐지는 삼각형이니까 **3개의 각도 전부 같겠네요!**

 맞아요. 그래서 **밑각인 ∠B와 ∠C의 크기는 같다**고 말할 수 있죠. 이렇게 '이등변삼각형이라면 두 밑각의 크기가 같다'라는 것을 증명할 수 있어요.

 삼각형의 합동 조건을 알고 있으면 바로 이해할 수 있겠네요!

 증명된 사실을 잘 정리해서 적어 둡시다.

이등변삼각형의 사실①

이등변삼각형은 밑각의 크기가 같다.

사실 같은 방법으로 반대의 내용도 이등변삼각형의 사실이 된다는 것을 증명할 수 있어요.

이등변삼각형의 사실②

밑각의 크기가 같은 삼각형은 이등변삼각형이다.

 이등변삼각형의 사실①과 반대로 두 밑각의 크기가 같은 삼각형은 이등변삼각형이라고 말할 수 있다는 거죠.

 맞아요. 어떤 사실이 성립될 때에 그 '반대'도 성립되는지 아닌지를 생각하면 이해가 더 깊어질 거예요.

성슬의
Check
Memo

☐ '이등변삼각형의 밑각은 크기가 같다'는 사실이므로 증명할 수 있다.

☐ 앞서 증명된 '삼각형의 합동 조건'을 활용한다.

☐ 어떤 사실이 성립될 때, 그 '반대'도 성립되는지 아닌지를 생각해 보는 것이 좋다.

🔍 평행사변형

평행사변형은 어떤 모양일까?

'평행사변형'이 왜 중요할까?

삼각형 다음은 사각형이겠죠? 먼저 '평행사변형'에 대해 말해 봅시다.

어, 평행사변형? 직사각형이나 정사각형 이런 것 말고요?

어쩌면 초등학교에서는 직사각형이나 정사각형을 먼저 배웠을 지도 모르겠네요. 수학의 세계에서 말하는 사각형은 간단히 설명하면 옆의 그림 '사각형의 특징에 따른 분류'처럼 나뉘고 직사각형이나 마름모, 정사각형은 모두 평형사변형의 한 종류예요. 그래서 평행사변형을 먼저 소개하려고 했던 거죠.

네에! 사각형에서 평행사변형은 기본이 된다는 뜻이군요.

네. 평행사변형을 미리 알아 두면 직사각형, 정사각형, 마름모와 같은 다른 사각형의 전체적인 모습도 쉽게 파악이 될 거예요.

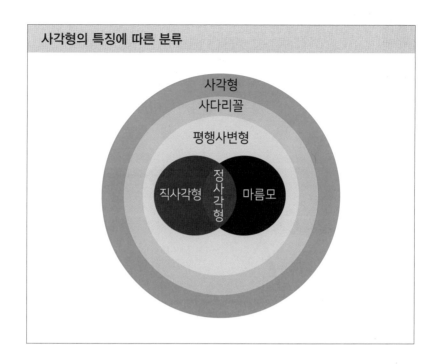

사각형의 특징에 따른 분류

사각형
사다리꼴
평행사변형
직사각형 정사각형 마름모

'평행사변형'이란?

  평행사변형의 규칙은 다음과 같아요.

평행사변형의 규칙

평행사변형이란 2쌍의 대변이 각각 평행한 사각형이다.

대변이 뭐였죠……?

 대변이란 '서로 마주보는 변'이죠. 다음 그림처럼 마주보는 변이 각각 평행한 사각형을 평행사변형이라고 해요.

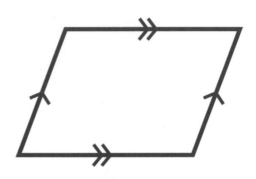

 그림으로는 '이런 모양이구나' 정도로 이해가 되네요.

 성슬 씨, 평행사변형도 실제로 할 이야기가 꽤 무궁무진한 도형이에요. 평행사변형의 사실은 다음처럼 말할 수 있어요.

| **평행사변형의 사실**

평행사변형은 2쌍의 대변 길이가 각각 같다.

마주보는 변의 길이가 다른 평행사변형은 존재하지 않는다는 건가요?

 그렇죠. 삼각형의 합동 조건을 사용해서 간단하게 증명해 봅시다. A에서 C로 대각선을 긋고, 2개의 삼각형 ACD와 삼각형 CAB로 나누어 생각을 해 보세요. 이때 AB와 CD는 평행이니까 선분 AC에 의해서 생기는 엇각의 크기가 같겠죠.

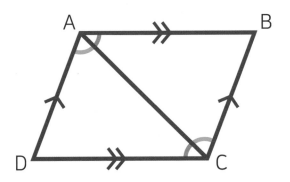

 그렇다면, ∠ACD와 ∠CAB, ∠CAD와 ∠ACB의 크기가 각각 같겠네요!

 맞아요. 그리고 두 삼각형은 선분 AC를 공유하고 있죠. 또 삼각형의 합동 조건으로 '대응하는 한 변의 길이가 같고, 그 양 끝각의 크기가 각각 같을 때'라는 것이 있으니까 이에 따라 두 삼각형이 합동임을 알 수 있죠.

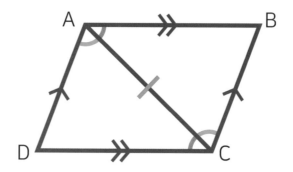

 그렇군요. 평행사변형을 2개로 나누어 생긴 삼각형이 합동이라는 것은 대응되는 변 AD와 CB, AB와 CD는 각각 길이가 같다는 뜻이네요!

 따라서 **평행사변형의 2쌍의 대변 길이는 각각 같다**고 할 수 있죠.

 네! 1쌍이라도 길이가 다르면 평행사변형이 아닌 것이군요.

 맞아요. 참고로 1쌍의 대변이 평행한 사각형은 사다리꼴이라고 해요. 125쪽의 그림 '사각형의 특징에 따른 분류'를 보면 사다리꼴이 평행사변형보다 넓은 의미의 사각형이라는 것을 알 수 있을 거예요. 그러니까 '평행사변형은 2쌍의 대변이 평행한 사다리꼴이다'라고 말할 수 있는 거죠.

평행사변형에서 규칙이 사실이 되고, 사실이 규칙이 되는 정의

 성슬 씨, 이제 평행사변형의 규칙과 사실 관계는 이해가 됐나요?

 네! 그렇지만, 조금 신경이 쓰이는 점이 있어요.

 뭐예요?

 앞서서 '어떤 사실이 성립될 때에 그 반대도 성립될지 아닐지 생각해 보면 좋다'라고 배웠잖아요. 이번에는 '평행사변형이면 2쌍의 대변 길이는 반드시 같다'라는 사실을 증명했는데, 그 반대도 성립하는 건가요?

 날카로운 지적이네요. 맞는 말이에요. '2쌍의 대변이 각각 평행하면 2쌍의 대변 길이가 같다'라는 내용이 성립합니다. 반대로 '2쌍의 대변 길이가 같으면 2쌍의 대변이 각각 평행하다'도 성립하고요. 즉, 어느 쪽을 평행사변형의 규칙으로 해도 성립한다는 거예요.

 어느 쪽을 규칙으로 해도 같다고요?

 네. 아까는 이렇게 설명했죠.

유형 ①

규칙 : 평행사변형이란 2쌍의 대변이 각각 평행인 사각형을 말한다.

사실 : 평행사변형은 2쌍의 대변 길이가 각각 같다.

반면에 규칙과 사실을 바꾸어 다음과 같이 생각해도 돼요.

유형 ②

규칙 : 평행사변형이란 2쌍의 대변 길이가 각각 같은 사각형을 말한다.

사실 : 평행사변형은 2쌍의 대변이 각각 평행하다.

 와! 유형 ①과 유형 ②에서 **규칙과 사실이 서로 바뀌어** 있네요! 어느 쪽이 규칙이든 사실이든 상관없다는 건가요?

 그렇죠. 한쪽을 규칙으로 정하면 다른 한쪽이 사실로 증명된다는 뜻이에요. 수학을 공부하다 보면 자주 볼 수 있는데, 이와 같이 규칙 A를 정하면 사실 B가 나오고, 사실 B를 규칙으로 정하면 규칙이었던 A가 사실로 증명되는 상황일 때 A와 B는 '**동치(同值)적 정의**'라고 표현해요.

 어느 쪽이 '진정한 규칙'이라는 구분이 없나요?

A를 규칙으로 정하면 사실 B가 나오고, 사실 B를 규칙으로 정하면 규칙이었던 A가 사실이 되기 때문에 '어느 쪽이 진정한 규칙인가?'에 대해 생각할 일이 별로 없는 것 같아요.

사실 평행사변형의 동치적 정의는 2개만 있는 것이 아니에요. 적어도 5개는 있어요.

평행사변형의 동치(同値)적 정의

- 2쌍의 대변이 각각 평행한다.
- 2쌍의 대변 길이가 각각 같다.
- 2쌍의 대각 크기가 각각 같다.
- 1쌍의 대변이 평행하고 길이가 같다.
- 평행사변형의 2개의 대각선은 서로를 반으로 나눈다.

이들 중 어느 것을 규칙으로 선택하든 그 외 모든 것이 사실로 증명돼요.

 굉장하네요! 규칙이 사실이 되고 사실이 규칙이 되다니 신기해요. 평행사변형이 꽤 특별한 사각형이었네요.

성슬의 Check Memo

☐ '동치적 정의'라는 개념이 있다.

☐ 평행사변형에는 동치적 정의가 적어도 5개나 있다.

직사각형, 마름모, 정사각형이란 어떤 사각형일까?

직사각형, 마름모, 정사각형은 모두 평행사변형

평행사변형 다음은, 평행사변형 중 한 종류인 직사각형, 마름모, 정사각형에 대해 이야기해 봅시다. 먼저 직사각형의 규칙은 다음과 같아요.

👆 **직사각형의 규칙**

직사각형이란 네 각의 크기가 모두 같은 사각형을 말한다.

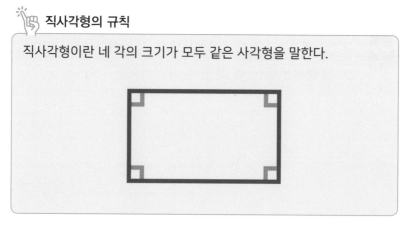

직사각형의 규칙이란 것을 거의 생각한 적이 없었는데 이런 것이군요? 저에게 직사각형은 '각의 크기가 같다'가 아니라 가늘고 긴 이미지였어요.

사각형의 내각의 합은 360°이므로, 네 각이 모두 크기가 같다면 모든 각은 90°가 되겠죠.

 아, 정말 그렇군요! 모든 각이 90°라면 보통 생각하던 직사각형 이미지에 가깝네요.

 평행사변형에서는 '2쌍의 대각 크기가 각각 같다'라는 규칙(동치적 정의)이 있었죠? 직사각형인 경우에는 '모든 각의 크기가 같다'라는 좀 더 엄격한 조건이 붙어 있어요.

 즉, 직사각형은 평행사변형 중에 한 종류네요!

 맞아요. 평행사변형 중에서도 특히 '4개의 각이 모두 크기가 같은 것'은 직사각형이란 이름을 붙인 거죠. 그리고 마름모의 규칙은 다음과 같아요.

 마름모의 규칙

마름모란 네 변의 길이가 모두 같은 사각형을 말한다.

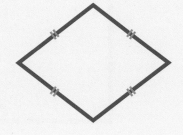

평행사변형은 2쌍의 대변 길이가 각각 같았는데, 마름모는 모든 변의 길이가 같은 경우네요.

 그래요. 직사각형이나 마름모는 평행사변형의 한 종류지만 평행사변형이라고 해서 모두 직사각형이나 마름모가 된다고 할 수는 없어요. 직사각형이나 마름모는 평행사변형 중 특수한 경우로 이해하면 머릿속에서 정리하기가 쉬울 거예요.

정사각형은 직사각형이자 마름모

 직사각형과 마름모는 알겠는데 정사각형은 어디에 속하나요?

 정사각형은 다음 같은 사각형을 말하죠.

> 🖐 **정사각형의 규칙**
>
> 정사각형은 네 변의 길이도, 네 각의 크기도 모두 같은 사각형을 말한다.
>
>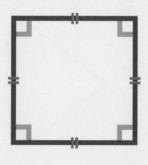

이건 직사각형과 마름모의 규칙이 합쳐진 것 아닌가요?

 맞아요. **정사각형은 직사각형의 특징과 마름모의 특징을 모두 갖는 사각형**이에요. 즉, 각 사각형의 특수한 경우라고 할 수 있죠. 사각형의 관계를 다시 한 번 살펴봅시다.

- 사다리꼴은 1쌍의 대변이 평행한 사각형이다.
- 평행사변형은 여러 가지 동치적 정의가 있다.
  - → 2쌍의 대변이 평행한 사각형이다.
  - → 2쌍의 대변 길이가 각각 같은 사각형이다.
  - → 2쌍의 대각 크기가 각각 같은 사각형이다.
- 직사각형은 모든 각의 크기가 같은 사각형이다.
- 마름모는 모든 변의 길이가 같은 사각형이다.
- 정사각형은 모든 각의 크기가 같고, 모든 변의 길이도 같은 사각형이다.

직사각형이나 마름모 등에 대해 대략적으로는 이해했겠지만 이러한 규칙을 제대로 설명할 수 있는 사람은 많지 않을 거예요.

□ 정사각형은 직사각형과 마름모의 특징을 합친 사각형이다.

Q 직사각형의 넓이

왜 (가로 길이×세로 길이)일까?

넓이 구하기는 규칙일까? 아니면 사실일까?

삼각형이나 사각형의 모양을 어느 정도 이해했으니, 다음은 넓이로 들어가 볼까 해요. 성슬 씨! 넓이에 대해서는 제대로 알고 있나요?

으음. '넓이'가 뭔지 알기는 알죠.(땀)

가장 단순한 넓이 계산은 (가로 길이×세로 길이)죠.

맞아요! 그게 가장 궁금했어요. (가로 길이×세로 길이)를 계산해서 어떻게 넓이를 알 수 있죠? '넓이는 (가로 길이×세로 길이)를 계산해서 나온 값이다'와 같은 규칙이라도 있나요?

성슬 씨가 점점 수학적인 생각을 하는 것 같네요! 먼저 '넓이의 규칙'을 확인해 봅시다.

넓이의 규칙이란?

 넓이의 규칙이 뭐죠? 전혀 감을 잡을 수가 없어요.

 여기에서는 넓이의 규칙을 아래와 같이 정합시다.

 **넓이의 규칙**

> 넓이란 가로 1cm × 세로 1cm의 정사각형이 총 몇 개인지를 표현한
> 도형의 크기이다. 예를 들어 가로 1cm × 세로 1cm의 정사각형이
> 3개이면 넓이를 3cm²라고 나타낸다.

 '1cm × 1cm의 정사각형이 몇 개 있을까?'라는 생각은 간단해
서 이해하기 쉽네요!

 넓이를 엄밀히 말하자면 아주아주 작은 평면도형이 모여 있는
것이라고 생각할 필요가 있는데요. 그 정도 내용까지 가면 적어
도 고등학교 수학 수준이 되어버리니까 오늘 거기까지는 생각
하지 맙시다.

 제대로 하려고 하면 넓이도 그렇게 간단한 것은 아니군요.(땀)

직사각형 넓이의 사실 증명하기

 그럼 선배, 이번 직사각형 넓이에 대해서는 어떻게 생각하면 좋을까요?

 먼저 **직사각형은 네 각의 크기가 모두 같은 사각형**이지요? 그럼 성슬 씨 가로가 4cm, 세로가 3cm인 직사각형에는 정사각형이 총 몇 개 있을까요?

 음, '1cm×1cm인 정사각형이 총 몇 개 있을까?'라는 뜻인 거죠?

 그렇죠. 그렇게 생각하면 가로에 4개, 세로에 3개 있으니까 그림처럼 (가로 길이×세로 길이)의 곱셈으로 셀 수 있죠.

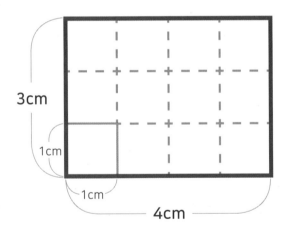

그렇구나! 가로가 4cm, 세로가 3cm인 직사각형은 1cm×1cm인 정사각형이 전부 4×3=12개가 들어있는 것이기 때문에 넓이는 12cm² 라고 말할 수 있는 거죠!

 맞아요. 이런 직사각형에서 넓이는 (가로 길이×세로 길이)라는 계산으로 알 수 있다는 뜻이에요.

 이렇게 보니까 직사각형의 넓이를 구하는 방법이 '사실'이라는 것을 분명하게 알 수 있네요.

> **직사각형 넓이의 사실**
>
> 직사각형의 넓이는 (가로 길이×세로 길이)이다.

변의 길이가 소수일 때

 그런데 선배! 1cm×1cm의 정사각형이 들어가는 개념이라면 변의 길이가 소수일 때는 적용하기 어려울 것 같은데요?

 성슬 씨 말에도 일리가 있어요. 그럼 가로가 1.5cm, 세로가 1.2cm인 직사각형의 넓이를 생각해 볼까요?

좀 전의 사실을 미루어 생각해 보면 이것도 (가로 길이×세로 길이)인가요?

 맞아요. 소수인 경우에도 (가로 길이×세로 길이)로 넓이를 계산할 수 있는 이유를 설명해 볼게요.
우선 '가로 1.5cm, 세로 1.2cm'인 직사각형을 가로로 10개, 세로로 10개씩 나열해서 큰 직사각형을 만든다고 생각해 봅시다.

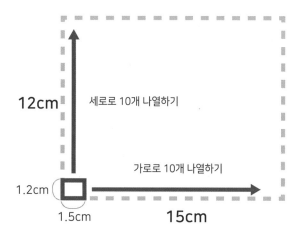

 가로도, 세로도 모두 10배가 된 거죠?

이 큰 직사각형은 가로 15cm, 세로 12cm이니까 넓이는 다음 같겠죠.

$$15 \times 12 = 180\,cm^2$$

 원래의 가로 1.5cm, 세로 1.2cm인 직사각형 넓이는 어떻게 되는 건가요?

 10배가 된 큰 직사각형에 가로 1.5cm, 세로 1.2cm인 작은 직사각형이 총 몇 개 들어갔는지 생각해 봅시다.

 작은 직사각형을 가로, 세로 10개씩 늘어놓고 큰 직사각형을 만들었으니까

큰 직사각형의 넓이 = 작은 직사각형의 넓이 × 10 × 10

인가요?

 맞아요. 큰 직사각형의 넓이가 15×12이니까 작은 직사각형의 넓이는 다음과 같을 거예요.

작은 직사각형의 넓이

= 큰 직사각형의 넓이 ÷ 10 ÷ 10 (곱셈의 역연산은 나눗셈)

= 15 × 12 ÷ 10 ÷ 10

= (15 ÷ 10) × (12 ÷ 10)

= 1.5 × 1.2 (10으로 나누기는 소수점을 왼쪽으로 한 칸 옮기기)

1.5×1.2는 결국 (가로 길이×세로 길이)인 것이네요. 소수의 경우도 같은 공식으로 넓이를 구할 수 있는 거고요!

한 변의 길이가 분수인 경우

근데 선배, 변의 길이가 소수인 직사각형 넓이는 알겠는데요. 변의 길이가 분수일 때는 어떻게 생각하면 돼요?

이것도 소수의 경우처럼 생각할 수 있어요.

소수와 분수, 완전히 똑같이 생각할 수 있는 건가요?

예를 들어 가로 길이가 $\frac{8}{5}$cm, 세로 길이가 $\frac{4}{3}$cm인 직사각형의 경우를 한번 볼까요? 분수는 분모의 숫자를 곱하면 정수가 되니까 가로에 5개, 세로에 3개를 나열해서 직사각형을 만든다고 생각해 봅시다. 그러면 가로는 8cm, 세로는 4cm인 큰 직사각형이 생기겠죠?

분모의 수만큼 나열하면 정수로 계산할 수 있게 된다는 거죠!

 이 큰 직사각형은 가로 8cm, 세로 4cm니까 넓이는 좀 전과 똑같이 계산할 수 있죠.

$$8 \times 4 = 32cm^2$$

 계산한 뒤에 이 큰 직사각형을 원래의 직사각형 크기로 고치면 되겠네요!

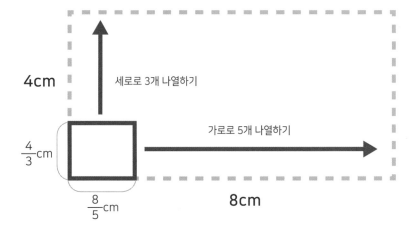

그렇죠. 좀 전에 직사각형을 가로로 5개, 세로로 3개 나열했잖아요. 5×3=15이니까, 큰 직사각형은 가로 길이가 $\frac{8}{5}$cm, 세로 길이가 $\frac{4}{3}$cm인 사각형이 총 15개가 늘어난 게 되죠.

 즉, 큰 직사각형의 넓이를 5×3=15로 나누면 되네요!

 성슬 씨 참 잘하네요. 가로, 세로가 분수인 원래 직사각형의 넓이는 (8×4)÷(5×3)cm²가 되는 거죠.

 선배, 얼른얼른 계산해 봐요!

 답을 내기 전에 식을 좀 변형시켜 봅시다. '나눗셈=분수'라는 규칙을 이용해서

$$(8 \times 4) \div (5 \times 3) = \frac{8 \times 4}{5 \times 3} = \frac{8}{5} \times \frac{4}{3}$$

 어라? 이 분수, 어디선가 봤는데…….

 원래 직사각형의 가로 길이가 $\frac{8}{5}$cm, 세로 길이가 $\frac{4}{3}$cm니까 **결국 분수도 (가로 길이×세로 길이)로 계산할 수 있다는 거죠.**

 분수든 소수든 큰 직사각형을 생각하지 말고 원래 변의 길이를 (가로 길이 × 세로 길이)로 계산하면 되네요!

맞아요. 어떤 값이라도 (직사각형 넓이 = 가로 길이 × 세로 길이) 란 사실은 변하지 않는다는 거예요.

정사각형 넓이는?

 그런데 선배, 이 수업에서 '넓이의 규칙'은 '변의 길이가 1cm인 정사각형이 총 몇 개 포함되는가'라고 했죠? 그럼 정사각형의 넓이는 어떻게 되는 건가요?

 정사각형에 대해서도 한번 생각해 봅시다. 정사각형이란 네 각이 모두 같고 네 변의 길이가 모두 같은 사각형이라고 했잖아요.

 아까 직사각형에서는 네 각이 모두 같다는 조건뿐이었는데, 정사각형에서는 네 변의 길이도 모두 같다는 조건이 덧붙었네요.

 정확히 알고 있네요. 즉, 정사각형은 '네 변이 모두 같은 직사각형'이라고 바꿔 말할 수 있죠.

 정사각형은 직사각형의 특수한 경우였네요.

그렇다고 볼 수 있죠. 그래서 계산 방법은 똑같이 (가로 길이 × 세로 길이)가 돼요. 정사각형은 가로 길이와 세로 길이가 똑같으니 다음처럼 말할 수도 있지요.

정사각형 넓이의 사실

정사각형 넓이 = (한 변의 길이)^2

그래서 1cm × 1cm의 정사각형 넓이는 다음처럼 되는군요!

$$1 × 1 = 1cm^2$$

맞아요. 우리는 직사각형 넓이를 구하면서 1cm²라는 값을 먼저 이끌어 냈지만, **변의 길이가 1cm인 정사각형이 총 몇 개인지를 표현한 도형의 크기가 넓이의 규칙이었으니, 그 대답으로 1개가 되는 것은 당연하다고 볼 수 있죠.**

성슬의
Check
Memo

☐ 넓이란 가로 1cm × 세로 1cm의 정사각형이 총 몇 개인지를 나타낸 도형의 크기라는 규칙을 기준으로 직사각형 넓이의 사실을 증명한다.

역자 주. 작은 글씨로 쓰인 2는 '제곱'이라고 읽어요. 같은 수 또는 글자를 두 번 거듭해서 곱하라는 뜻이에요.

왜 (밑변×높이÷2)일까?

직사각형 넓이 다음으로 삼각형 넓이를 배우는 이유

직사각형 넓이 다음으로 이야기해 볼 것은 삼각형 넓이예요. 도형의 넓이 계산에는 다음과 같은 관계성이 있죠.

- 삼각형 넓이 계산에는 직사각형 넓이의 사실을 이용한다.
- 사다리꼴의 넓이 계산에는 삼각형 넓이의 사실을 이용한다.

그래서 '직사각형→삼각형→사다리꼴'의 순서로 공부할 거예요.

초등 수학 공부는 하나하나 차근히 해야 하네요.

맞아요. 각 단원의 규칙과 사실은 밀접하게 관련이 있죠. 예를 들어 앞서 말한 직사각형 넓이에 대한 설명에서도 소수나 분수 계산의 사실이 필요했잖아요.

소수나 분수 계산을 제대로 이해하지 못하면 직사각형 넓이라는 도형 단원에까지 영향을 받네요.

'직각삼각형 넓이' 증명하기

 그럼 삼각형의 넓이를 한번 살펴봅시다. 삼각형의 넓이는 다음 식으로 구할 수 있어요.

> 삼각형 넓이 = 밑변 × 높이 ÷ 2

성슬 씨는 이 공식을 기억하나요?

 네, 기억하고 있죠. 이 ÷2라는 부분이 초등학생 때 잘 이해가 안 됐어요.

 먼저 지난번에 배운 넓이의 규칙을 복습해 봅시다.

🖐 넓이의 규칙

> 넓이란 가로 1 cm × 세로 1 cm의 정사각형이 총 몇 개인지를 표현한 도형의 크기이다.

 그런데 선배! 삼각형과 정사각형은 모양이 다른데요?

그렇긴 하죠. 먼저 직각삼각형을 생각해 봅시다. 같은 직각삼각형 2개를 그림처럼 붙이면 직사각형이 생기죠.

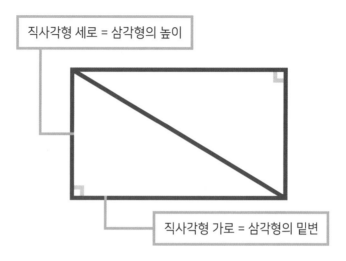

직사각형 세로 = 삼각형의 높이

직사각형 가로 = 삼각형의 밑변

이 삼각형의 높이는 직사각형 세로의 길이와 같아요. 직사각형 넓이는 (가로 길이×세로 길이)니까 그 절반, 즉 (직사각형 넓이 ÷2＝밑변×높이÷2)로 직각삼각형의 넓이를 구하는 거죠.

 그런데 직각삼각형이 아닌 삼각형이라도 이 공식으로 계산할 수 있나요?

직각삼각형이 아닌 삼각형의 넓이 증명하기

 그럼 다음으로 직각이 하나도 없는 경우를 생각해 봅시다.

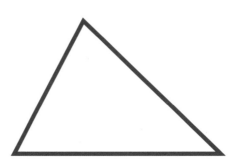

이 경우는 다음과 같이 삼각형을 2개의 작은 삼각형으로 나누어 생각해 볼 거예요.

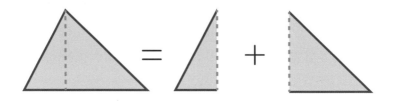

 2개로 나누어서 어떻게 (삼각형의 넓이 = 밑변 × 높이 ÷ 2)라는 것을 증명하죠?

그림을 사용해서 증명해 봅시다.

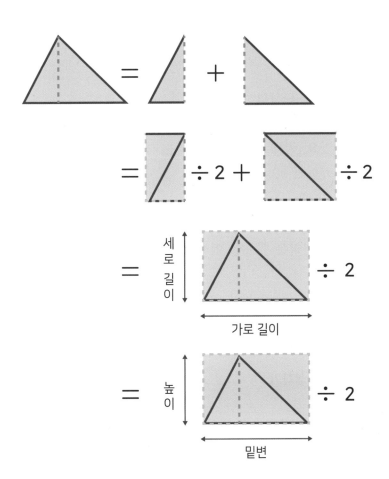

그렇구나! 마지막 그림에서

- 큰 직사각형의 가로 길이 = 원래 삼각형의 밑변
- 큰 직사각형의 세로 길이 = 원래 삼각형의 높이

라는 것을 설명하고 있네요.

 맞아요. 원래 삼각형의 넓이는 (큰 직사각형의 넓이 ÷ 2), 즉 (밑변 × 높이 ÷ 2)가 되는 거죠.

 직각삼각형이 아닌 경우에도 삼각형의 넓이를 (밑변 × 높이 ÷ 2)로 계산하는 이유를 이해했어요.

직각삼각형이 아닌 삼각형의 넓이 = 밑변 × 높이 ÷ 2

증명 완성하기

 직각삼각형도 직각삼각형이 아닌 경우도

삼각형 넓이 = 밑변 × 높이 ÷ 2

라는 게 증명됐네요!

 사실 엄밀하게 말하자면 '직각삼각형이 아닌 경우의 증명'만으로는 부족해요.

네? 이래도 아직 증명이 안 되는 건가요?

 직각삼각형이 아닌 삼각형의 넓이를 간단히 증명하기 위해 적절한 도형을 이용했지만, 한 각이 90°보다 클 때는 다음 그림처럼 삼각형의 높이가 삼각형 밖에 있을지 몰라요. 그런 경우에는 아까의 증명이 적용되지 않잖아요?

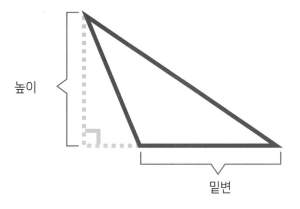

 그렇군요. 아까는 증명하기에 쉬운 도형을 사용해서 설명한 것이었어요.

그렇죠! 이건 제 이야기인데, 저도 중요한 수학 시험에서 모든 경우를 증명하기에는 충분하지 않지만 증명을 설명하기에 편한 그림을 그려서 점수가 깎였던 쓰라린 경험이 있어요.

 모든 경우에 적용할 수 있을 만한 완벽한 증명을 한다는 것은 대단히 어렵네요.

 이번에는 설명하기에 편한 그림을 사용해서 부족한 증명이 됐을 뿐이지만 경우에 따라서는 아예 '잘못된 결과'가 나올 때도 있어요.

 잘못된 결과요?

 예를 들어 설명하기에 편한 그림을 선택했다가 '모든 삼각형은 정삼각형이다'라는 잘못된 결과를 얻는 거짓 설명이 성립하기도 하는 거죠. 여기서는 자세하게 설명할 수 없지만, 유명한 이야기니까 나중에 '파푸스 패러독스(모든 삼각형은 정삼각형이다)'로 인터넷에 검색해 봐도 좋을 것 같아요.

그럼 원래의 주제로 돌아갈게요. 마지막으로 '한 각이 90°보다 큰 삼각형'에 대해서도 (삼각형의 넓이 = 밑변 × 높이 ÷ 2)임을 증명합시다. 이 때도 그림을 사용해서 증명해 볼게요.

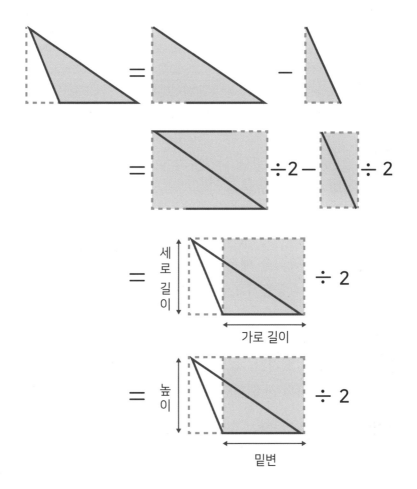

 굉장해요! 이 경우도 (넓이 = 밑변 × 높이 ÷ 2)가 됐네요. 결국은 어느 삼각형이든 같은 공식이 되어 버리네요!

여기까지 증명하면 마침내 다음처럼 말할 수 있어요.

삼각형 넓이의 사실

삼각형 넓이 = 밑변 × 높이 ÷ 2

 당연하다고 여겼던 삼각형의 넓이 공식도 제대로 증명하려면 이렇게 힘들군요……!

 초등학교에서는 직각삼각형이나 설명하기에 편한 특정한 그림을 통해 공식을 배운 사람도 많겠죠. 하지만 어떤 삼각형이든 이 공식이 공통적으로 통한다는 것을 확인하면 이해하기가 더 쉬워져요.

 조금 복잡했지만, '넓이의 규칙 → 직사각형 넓이의 사실 → 삼각형 넓이의 사실'이란 흐름이 이해됐어요.

 이처럼 수학에서는 규칙에서 사실을 찾아내고, 그 사실을 이용해 다른 사실을 이끌어 내는 경우가 많아요.

 사실을 계속 쌓아 나가는 것이 수학의 기초라고 볼 수 있네요.

성슬의 Check Memo

☐ (삼각형의 넓이=밑변×높이÷2)는 기본적인 사실이지만 제대로 증명하기는 매우 어렵다.

☐ 수학에서는 규칙에서 사실을 찾아내고 그 사실을 이용해 다른 사실을 이끌어 내는 경우가 있다.

왜 3.14일까?

원주율의 규칙과 사실

 직사각형, 삼각형 다음은 원이에요.

 드디어 원의 등장인가요.

 원의 넓이나 길이를 생각할 때 빼놓을 수 없는 값이 있는데, 알고 있어요?

 당연히 알고 있죠! 3.14잖아요.

 맞아요. 원주율(π, 파이)이죠. 원주율 규칙은 다음과 같아요.

 원주율의 규칙

> 원주율이란 (원의 둘레 ÷ 지름)을 말한다.

 저, 원주율 규칙이란 '원주율은 3.14이다' 같은 느낌 아닌가요?

'원주율≒*3.14'는 원주율 규칙에서 도출된 사실이죠.

원주율의 사실

> (원주율 = 원의 둘레 ÷ 지름)이라는 규칙에서 얻은 원주율의 값은
> 3.1415926535…이다.

 …으로 표시된 부분은 뭐예요?

 계속 이어진다는 뜻이에요. 초등 수학에서 원주율을 말할 때는
소수점 둘째 자리 이하를 버리고 '약 3.14'라고 말해요.

 3보다 조금 더 큰 수라는 거죠? 원주율이란 (원의 둘레÷지름)
으로 구하고 (원의 둘레÷지름)을 계산하면 3.14 정도가 된다는
것이 사실이라는 뜻이네요.

'원주율 > 3'이라는 사실 증명하기

 원주율 = 3.1415926535…라는 것은 사실이니까 증명이 가능하겠
네요?

역자 주. 근삿값을 가리키는 기호예요. 근
삿값은 어떤 수 A 대신에 사용하는 A에 가
까운 수 a를 말해요.

맞아요. 단, 원주율≒3.14라는 것은 증명이 어려워요. 실제로 '원주율이 3.05보다 크다는 것을 증명하라'라는 문제가 대학교 입시에서 출제된 적도 있을 정도니까요.

 그렇게 어렵군요?

 그래도 '원주율≒3.14'라는 것을 증명하기는 어렵지만 '원주율은 3보다 크다'라는 사실은 쉽게 증명할 수 있어요.

 3보다 크다는 것은 초등 수학 지식으로도 알 수 있나요?

 3보다 크다는 것은 정삼각형을 활용해서 보여줄 수 있어요. 우선 6개의 꼭짓점이 모두 원의 둘레에 있는 정육각형을 생각해 봅시다.

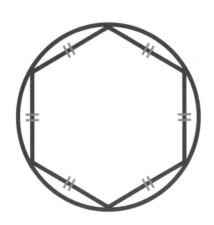

원의 중심에서 각 꼭짓점으로 선을 그으면 삼각형이 6개 생겨요. 실제로 이 6개의 삼각형은 정삼각형이 됩니다.

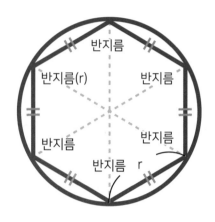

 왜 전부 정삼각형이 되는 거죠?

 각각의 삼각형이 대응하는 3쌍의 변의 길이가 각각 같으니까* 6 개의 삼각형은 합동이에요. 따라서 중심에 있는 각도는 여섯 개 삼각형이 모두 같겠죠. 360°를 같은 크기의 각도 6개로 나누니까 한 각의 각도는 60°지요.

역자 주. 정육각형은 6개의 변의 길이가 모두 같기 때문에 삼각형들은 밑변의 길이가 같고, 나머지 두 변은 모두 반지름으로 같기 때문에 6개의 삼각형은 대응하는 세 변의 길이가 각각 같은 합동 삼각형입니다.

두 변의 길이가 같고 끼인각이 60°인 이등변삼각형이니 정삼각형이 되는군요!

 말한 그대로예요. 그러면 다음처럼 되는 게 이해가 되나요?

> 정육각형 둘레 길이 = 3 × 원의 지름

 정삼각형이 6개니까요?

 원의 지름이 정삼각형의 변 2개 값(2r)이니까 정육각형의 둘레 길이는 정삼각형의 반지름 6개 값(6r)이겠지요.

 그렇군요. 그런데 원주율은 언제 나오나요?

 지금부터요. 곧 증명이 끝납니다. 원주율은 (원의 둘레÷원의 지름)이었잖아요. 그림을 보면 '원의 둘레＞정육각형의 둘레 길이'인 것을 알 수 있죠?

 네, 직선으로 움직이는 쪽이 더 짧겠죠.

지금까지의 결과를 정리하면 다음과 같아요.

> 원주율 = 원의 둘레 ÷ 원의 지름
> > {정육각형 둘레(6r) ÷ 지름(2r)}
> = 3

 마지막에 (정육각형 둘레 길이＝3×지름)을 이용하셨군요.

 맞아요. 이것으로 '원주율은 3보다 크다'라는 사실이 증명되었네요.

더 높은 수준의 사실을 증명하기 위해서는 삼각함수가 필요하다

 정삼각형이 등장해서 놀랐는데, 이것도 증명할 수 있는 것이었네요. 굉장하다!

 실제로 대학교 입시에서 출제된 '원주율＞3.05를 증명하라'라는 문제는 고등학교 수학에 나오는 '삼각함수'를 사용하면 쉽게 증명할 수 있어요. 중학생이라면 '피타고라스의 정리'를 활용해서 아주 열심히 노력하면 증명할 수 있을 테고요.

역시 초등학교 수학에서는 한계가 있군요. 원주율은 초등학교에서 배우는 거라고 생각했는데, 실제로 원주율이 3.141592……라는 사실을 증명하는 게 초등 수학으로는 무리였네요.

 원주율 > 3 정도면 초등 수학 범위 안에서 증명할 수 있지만, 3.14…와 같이 구체적인 수학 세계가 열리면 정육각형보다 원에 가까운 다각형을 생각해서 계산해야 해요. 그 부분이 고등학교 수학 수준이라는 거예요.

 고등학교 수학이면 역시 엄청 높은 수준이었네요.

흥미로운 이야기: 잘 정해진 규칙 = well-defined

 잠시 다른 이야기 좀 해 볼까요? 원주율 규칙은 (원주율 = 원의 둘레 ÷ 원의 지름)이었죠. 그런데 이게 정말 확실한 규칙일까요? (원의 둘레 ÷ 원의 지름)을 계산한 값이 원에 따라 다르면 어떻게 될까요?

 큰 원일 때 '원의 둘레 ÷ 원의 지름 = 5'가 되고, 작은 원일 때 '원의 둘레 ÷ 원의 지름 = 1'이 되는 것처럼 원주율 값이 수시로 변한다면 확실히 원주율 값이 하나로 정해지지는 않겠네요.

맞아요. (원주율＝원의 둘레 ÷ 원의 지름)이라는 원주율 규칙은 (원의 둘레 ÷ 원의 지름)이 원의 크기에 따라 변하지 않는다는 내용을 기본으로 하죠. 이처럼 **정하고 싶은 값이 하나로 정해진 것을 '잘 정해진 규칙(well－defined)'**이라고 해요.

 규칙을 명확하게 정하지 않으면 원하는 값이 하나로 정해지지 않고 해석이나 상황에 따라 달라져 버리겠네요.

 맞아요. 그런 **불완전한 규칙을 '잘못된 규칙(ill－defined)'**이라고 말하기도 해요.

성슬의
Check
Memo

☐ (원주율=원의 둘레÷원의 지름)은 규칙이다.

☐ (원주율 ≒ 3.14)는 사실이므로 증명할 수 있다.

왜 (반지름×반지름×원주율)일까?

잘 상상되지 않는 원의 넓이

 원주율 다음은 뭐예요?

 '원의 넓이'예요.

 나왔네요. 넓이 중에서도 가장 이해가 안 되는 부분이죠.

 그렇다면 성슬 씨는 원의 넓이 구하는 공식은 기억하고 있다는 뜻이네요?

 음……. 이해를 못했다는 것은 기억하는데…….(웃음)

 직사각형에서는 가로, 세로 개념이 있어 넓이의 이미지가 쉽게 떠오르는 반면에 원은 가로도 세로도 없어서 어떻게 넓이를 구할지 바로 이해할 수 있는 이미지가 잘 떠오르지 않죠.

가로와 세로란 말 덕분에 저도 모르게 떠올랐어요. 분명히 원을 피자처럼 잘라 나열했었죠?

 맞아요. 원을 그림처럼 잘게 자르고, 그것을 옆으로 나열하다 보면 거의 직사각형 모양이 돼요. 이것을 직사각형이라고 보고 원의 넓이를 계산할 수 있어요.

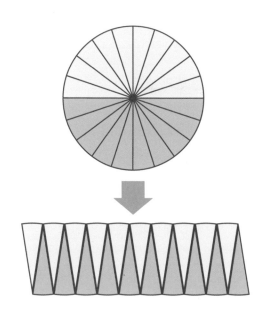

원 넓이의 사실 증명하기

 원을 직사각형으로 만들 수 있다면, 나머지는 간단하네요! 직사각형의 넓이는 (가로 길이×세로 길이)니까……, 어라? 가로와 세로의 길이가 어떻게 되는 거죠?

 그림을 보면 직사각형의 가로 길이는 원 둘레의 $\frac{1}{2}$에 가깝고, 세로 길이는 반지름에 가까운 값이 돼요.

 즉 원의 넓이는 {(원의 둘레÷2)×반지름}인 셈이군요!
　　　　　　　　　　　　가로 길이　　　　세로 길이

 맞아요. 따라서 (원의 넓이=반지름×반지름×원주율)이 되죠.

 잠깐만요, 현익 선배! {(원의 둘레÷2)×반지름}이 왜 (반지름×반지름×원주율)이죠? 원의 둘레를 모르면 넓이를 계산할 수 없을 텐데요.

 그렇죠, 여기를 좀 더 자세히 살펴볼 필요가 있어요. 원주율의 규칙은 (원주율=원의 둘레÷지름)이고, '나눗셈은 곱셈의 역연산'이니까 '지름에 원주율을 곱하면 원의 둘레'이죠.

> **원의 둘레에 대한 사실**
>
> 원의 둘레 = 지름 × 원주율

이러면 원의 둘레를 측정하지 않아도 넓이를 구할 수 있겠네요!

 네. 지금까지의 결과를 정리하면 다음과 같아요.

- 원의 넓이 = 반지름 × 원의 둘레 ÷ 2
- 원의 둘레 = 지름 × 원주율

이 두 가지를 사용하면 다음과 같아요.

원의 넓이 = 반지름 × 원의 둘레 ÷ 2
　　　　 = 반지름 × (지름 × 원주율) ÷ 2
　　　　 = 반지름 × (2 × 반지름 × 원주율) ÷ 2
　　　　 = 반지름 × 반지름 × 원주율

 (원의 넓이 = 반지름 × 반지름 × 원주율)이라는 공식이 사실이라는 것을 확인했네요.

 좀 더 정확히 하고 싶은 사람은 다음과 같이 써도 좋아요.

| 원의 넓이에 대한 사실

원의 넓이 = 반지름^2 × 원주율

오! 원의 넓이를 배울 때 '왜 (반지름^2 × 원주율)일까'라고 생각했는데 직사각형 넓이 구하는 공식과 같은 방법이었네요.

 직사각형처럼 직관적으로 알기 쉬운 공식은 아니에요. 하지만 원을 피자처럼 잘라 직사각형으로 만든다는 개념으로 생각하면 위의 식으로 구할 수 있어요. 더 정확히 말하자면 고등학교 수학에서 배우는 적분이나 대학 수학의 극좌표를 사용해도 증명할 수 있지만 그 경우에도 이끌어 내는 내용은 앞에서 보여 준 것과 같아요.

 어려운 증명도 결과는 똑같군요.

 여러 방식으로 증명해서 원의 넓이 공식을 제대로 찾을 수 있게 되는 거죠.

성슬의
Check
Memo

☐ (원의 넓이=반지름×반지름×3.14…)는 사실이므로 증명할 수 있다.

☐ 증명을 위해서는 원주율의 규칙과 사실을 이해해야 한다.

🔍 도형의 확대

도형을 2배로 늘리면
넓이나 부피는 몇 배가 될까?

도형을 2배로 늘리면 넓이는 몇 배일까?

 넓이에 대해 대략적으로 이야기했으니 부피에 대해 이야기해 봅시다.

 부피가 되면 계산이 한층 더 까다로워지죠. 저도 정말 이해할 수 있을까요? 불안해요.

 성슬 씨, 여기까지 왔는데 자신감을 가져요! 분명 이해할 수 있을 거예요.

 음……, 별로 자신이 없어요.

 그럼, 본격적으로 머리를 쓰기 전에 가볍게 몸풀기로 '도형 확대'에 대해 한번 생각해 봅시다. 예를 들어 도형을 2배로 늘리면 넓이는 몇 배가 되는지 아세요?

도형을 2배로 늘린다는 건 변의 길이가 2배가 된다는 거죠?

 그렇죠. 예를 들어 밑변이 2cm, 높이가 1cm인 삼각형을 2배로 늘리면 넓이는 몇 배가 될까요?

 확대 전 삼각형의 넓이는 (밑변×높이÷2)로 계산해야 하니까 2×1÷2=1cm²가 되네요. 도형이 2배가 되면 밑변이 4cm, 높이가 2cm니까

> 4 × 2 ÷ 2 = 4cm²

가 되고, 1이 4가 됐으니 4배네요!

 성슬 씨 멋지네요. 정답이에요! 그렇다면 가로 길이가 2cm, 세로 길이가 1cm인 직사각형을 3배로 늘리면 넓이는 몇 배가 될까요?

 직사각형의 넓이는 (가로 길이×세로 길이)로 계산하니까 원래 직사각형의 넓이는 2×1=2cm²이고, 3배로 확대된 직사각형 넓이는 6×3=18cm², 즉 9배네요.

 성슬 씨, 완벽해요! 이처럼 넓이는 도형의 길이를 2배로 확대하면 4배로, 3배로 확대하면 9배가 돼요.

다른 도형에서도 2배로 늘리면 넓이는 4배, 3배로 늘리면 넓이는 9배가 되나요?

 네. 예를 들어 원의 반지름이 r인 경우의 넓이는 πr^2이고, 2배로 확대되었을 때 넓이는 $\pi(2r)^2 = 4\pi r^2$[•]이 되니까 4배가 되죠. 사실 모든 평면도형의 길이를 2배로 늘리면 넓이는 4배가 돼요. 도형 넓이를 구하는 방식으로 생각하면 이해할 수 있을 거라고 생각해요.

 길이가 2배로 길어지면, 넓이는 $2 \times 2 = 4$배, 3배로 길어지면 넓이는 $3 \times 3 = 9$배라는 거죠?

 그래 맞아요. 평면도형을 k배로 늘리면 넓이는 $k \times k = k^2$배가 되는 거죠.

| 평면도형 확대에 대한 사실

도형을 k배로 늘리면 넓이는 k^2배가 된다.

역자 주. 반지름이 2배가 된 원의 넓이는
$\pi(2r)^2 = \pi \times 2r \times 2r = 4\pi r^2$이 됩니다.

도형의 길이를 2배로 하면 부피는 몇 배일까?

 그렇다면 다음은 '부피 규칙'이네요.

 부피도 넓이와 같은 방식으로 알아볼 수 있어요. 제대로 하려면 이야기가 복잡해지니까 다음과 같은 규칙으로 생각해 봅시다.

 부피의 규칙

> 부피란 1cm × 1cm × 1cm의 정육면체가 총 몇 개로 이루어져 있는지 나타낸 양이다.

이때 **정육면체의 부피(cm³)는 한 변의 길이³** 으로 구할 수 있어요. 이 사실에 대한 증명은 생략하지만 정사각형 넓이와 똑같이 생각할 수 있죠. 이것을 이용해서 한 변의 길이가 1cm인 정육면체를 2배로 늘렸을 때 부피는 몇 배인지 계산해 봐요.

 아까랑 똑같이 생각해도 괜찮다면 다음과 같을까요?

> 한 변이 1cm인 정육면체 부피 = 1^3 = 1cm³.
> 이것을 2배로 늘렸을 때, 한 변의 길이는 2cm가 되므로
> 2^3 = 8cm³.

역자 주. 작은 글씨로 쓰인 3은 '세제곱'이라고 읽어요. 같은 수 또는 글자를 세 번 거듭해서 곱하라는 뜻이에요.

정답! 3차원 입체도형에서 길이를 2배로 늘릴 때는 높이까지 곱해야 하니까 (가로 길이×세로 길이×높이)에서 (가로 길이×2×세로 길이×2×높이×2)로 각각 두 배가 되고 이걸 계산해 보면(가로 길이× 세로 길이×높이×8)이니까 8배가 되지요.

마찬가지로 구의 부피($\frac{4}{3}\pi r^3$)에서도 반지름을 세제곱하기 때문에 부피는 8배예요.

같은 방법으로 하면 길이를 3배로 늘릴 때 부피는 $3^3 = 27$배가 되겠네요.

눈치가 굉장히 빨라졌네요! 입체도형일 경우, k배로 늘리면 부피는 k^3배가 되지요.

| 입체도형 확대에 대한 사실

도형을 k배로 늘리면 부피는 k^3배이다.

'도형 확대에 대한 사실'의 일반화

넓이와 부피의 확대는 이 공식을 외워두면 일일이 계산하지 않아도 되니까 편리하네요!

이런 과정을 보게 되면 수학을 좋아하는 사람들은 꼭 일반화를 하고 싶어하죠.

이것도 일반화를 하는군요! 그런데 이 이상 무슨 생각을 해야 하나요?

 예를 들면 직선(1차원)을 2배로 늘렸을 때 단순히 선의 길이는 2배가 됐지만 이것을 '2의 1제곱 배가 됐다'라고 생각할 수도 있죠. 실제로 도형 확대에 대한 일반화 사실이 다음과 같거든요.

> **도형 확대에 대한 일반화 사실**
>
> n차원의 도형을 k배로 확대하면 크기는 'k의 n제곱(k^n)배'이다.

 같은 방식을 어떤 도형의 확대에든 적용할 수 있는 거네요!

 이 사실을 알아 두면 평면이든 입체든 도형을 확대할 때 크기가 몇 배가 될지에 대해 같은 식을 사용해서 대답할 수 있죠. 예를 들어 '평면도형 확대에 대한 사실'이나 '입체도형 확대에 대한 사실'을 잊어버렸어도 위의 사실만 기억해 두면 평면과 입체 모두 몇 배로 확대하든 대입할 수 있어요.

 일반화의 위력이란 대단하네요.

'도형의 확대'에 관한 여러 사실들의 관계성을 보기 좋게 정리해 보면 다음과 같아요.

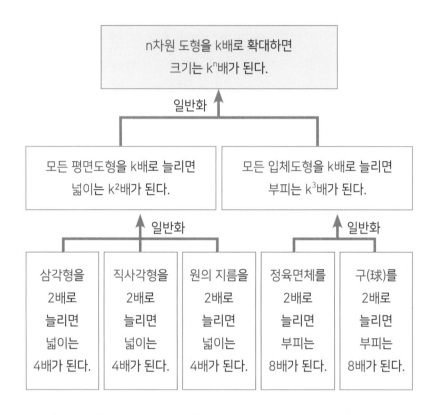

맨 아래 칸에 초등 수학에서 등장했던 각 도형 넓이의 사실이 있고, 그것을 정리하면 평면도형 확대에 대한 사실을 알 수 있게 돼요. 거기서 평면도형과 입체도형에 대한 사실을 일반화하면 모든 도형 확대에 대한 사실이 되는 거죠.

언뜻 보면 맨 위에 있는 내용은 이해하기 어려운 공식으로 보이지만 그 공식으로 모든 도형의 확대를 설명할 수 있어요. 아래쪽의 구체적인 공식은 이해하기 쉽지만 각각의 도형에만 적용할 수 있고요. 수학 공식은 다음 두 가지로 분류할 수 있어요.

- 알기 쉬운 대신에 특정 문제만 다룰 수 있는 것
- 알기 어렵지만 다양한 문제를 다룰 수 있는 것

 역시 깊은 뜻이 있네요. 문득 생각났는데, 4차원 도형이면 네제곱이 된다는 뜻이에요?

 그렇죠! 우리의 상상을 초월하는 세계지만 만약 4차원이 존재한다면 크기는 네제곱이 되죠.

 도라에몽의 4차원 주머니는 사실 굉장히 컸죠.(땀)

성슬의
Check
Memo

☐ '삼각형을 2배로 늘리면 넓이는 4배가 된다'라는 것은 구체적인 사실이다. 구체적인 사실은 이해하기 쉽지만 특정 문제에만 적용할 수 있다.

☐ 'n차원의 도형을 k배로 확대하면 크기는 k^n배가 된다'라는 것은 일반화된 사실이다. 일반화된 사실은 이해하기 어렵지만 다양한 문제에 적용 가능하다.

Q 뿔체의 부피

왜 삼각뿔의 부피는 (밑면의 넓이×높이÷3)일까?

'뿔체'란?

 '입체도형'의 부피에 대해 언급했으니 초등 수학의 마지막 과정인 '뿔체' 부피로 들어가 볼까요?

 뿔체가 뭐였죠?

 좀 익숙하지 않은 단어죠. 뿔체의 규칙은 다음과 같아요.

👆 **뿔체의 규칙**

> 뿔체란 한 꼭짓점과 평면도형(밑면)이 있을 때, 꼭짓점에서 밑면으로 뻗은 선들에 의해 만들어지는 입체도형이다.

즉, 원뿔, 삼각뿔, 사각뿔과 같은 입체적인 형태를 말해요. 그림을 보는 게 빠를지도 몰라요.

삼각뿔

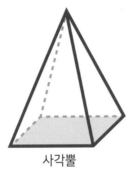

사각뿔

원뿔

 사실을 먼저 말하자면 뿔체의 부피는 다음과 같이 계산할 수 있어요.

| 뿔체의 부피에 대한 사실

뿔체의 부피 = 밑면의 넓이 × 높이 ÷ 3

 생각났어요! 초등학교 때 이걸 배우면서 '왜 3으로 나누지?'라는 궁금증이 해결되지 않았었죠.

이 공식의 증명은 어려워서 많은 수학 교과서에서 아마 빠져 있을 거예요. 그래서 이번에 그동안 다뤄왔던 사실들과 '카발리에리의 원리'를 이용해서 되도록 내용을 빠뜨리지 않고 제대로 설명해 보려고요.

'뿔체의 부피'를 이해하기 위한 준비

 카발리에리의 원리라니. 뭔가 이름부터가 엄청나게 어려울 것 같은 분위기네요.

 카발리에리는 그냥 사람 이름이에요.(웃음) 카발리에리의 원리는 다음과 같은 사실이고요.

| 카발리에리의 원리

2개의 입체도형 X, Y를 어떤 축에 대하여 수직한 평면에서 잘라보았을 경우 어디에서 잘라도 항상 Y의 자른 면 넓이가 X의 자른 면 넓이의 a배라면 Y의 부피도 X 부피의 a배이다.

즉, 자른 면 넓이의 비율이 일정하면 부피의 비율도 같다는 뜻이에요.

설명을 말로 하는 것만으로는 좀 이해하기 어렵네요.

 그림을 보면 이해하기 쉬울 거예요.

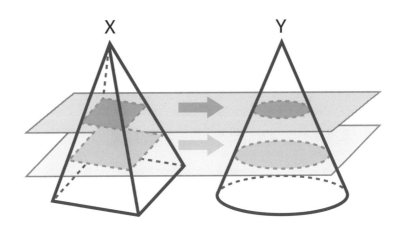

※ 어디에서 잘라도 Y를 자른 면의 넓이가 X를 자른 면의 넓이의 a배

 그렇구나! 두 도형의 어디를 잘라도 면적이 2배 차이가 나면 부피도 2배 차이가 난다는 거죠.

 맞아요. 카빌리에리의 원리는 사실이지만 제대로 증명한다는 것은 쉽지가 않아요. 여기서는 그림으로 원리를 이해해 볼게요. 그리고 아까 설명했던 '도형 확대에 대한 사실'도 이용하니까 다시 한 번 정리해 둡시다.

도형의 사실을 총정리한 것 같은 느낌이네요! 두근거려요.

'뿔체 부피의 증명' 1단계 : 특수한 정사각뿔

 그럼 뿔체의 부피 공식을 증명해 볼까요? 3단계로 나눠서 증명할게요. 일단 1단계로 높이가 1이고, 밑면의 한 변이 2인 정사각뿔에 대해 생각해 봅시다. 여기서부터는 cm나 cm²와 같은 단위는 생략할게요.

 가로와 세로가 각각 2인 정사각형을 밑면으로 하는 정사각뿔이군요.

 네. 먼저 (부피 = 밑면의 넓이 × 높이 ÷ 3)을 확인해 봅시다. 다음 그림을 봐요.

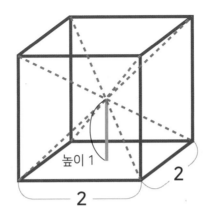

높이 1

2

2

 이와 같이 한 변의 길이가 2인 정육면체의 중심에서 각 꼭짓점
으로 선을 그으면 같은 모양의 정사각뿔이 6개 생기고, 정사각
뿔의 높이는 1, 밑면 한 변의 길이는 2인 정사각형이죠. 그럼 이
정사각뿔의 부피는? 공식을 사용하지 말고 계산해 봐요.

 정사각뿔이 6개니까 정사각뿔의 부피는 $2 \times 2 \times 2 \div 6 = \dfrac{8}{6} = \dfrac{4}{3}$
가 되네요.

 맞아요. 그런데 뿔체의 부피를 (밑면의 넓이 × 높이 ÷ 3)으로 계
산하면, $2 \times 2 \times 1 \div 3 = \dfrac{4}{3}$ 지요.

그렇군요. 정사각뿔 부피는 정육면체를 이용하면 공식을 사용하지 않았을 때도 (부피 = 밑면의 넓이 × 높이 ÷ 3)과 같은 답이 되는 걸 확인했네요. 하지만 정사각뿔이 아니라면 이렇게까지 딱 들어맞지 않을 것 같다는 생각이 들어요.

 그렇죠. 여기서는 모든 뿔체의 부피가 (밑면의 넓이 × 높이 ÷ 3)이라는 사실을 증명하려는 것이니까 조금 더 이어 갈게요.

2단계 : 정사각뿔의 확대

 그럼 다음은 2단계. 이 정사각뿔을 h배로 확대해서 그 부피를 생각해 봅시다.

 h배로 확대하면 뭘 알 수 있나요?

 앞서 말한 정사각뿔의 높이가 1이고 밑면이 2×2인 정사각형이었잖아요. 다른 정사각뿔은 어떻게 되는지 알아보기 위해 이 정사각뿔을 h배로 늘려보는 거죠.

 h배로 늘린 정사각뿔에서도 (부피 = 밑면의 넓이 × 높이 ÷ 3)은 성립되나요?

 증명해 볼게요. 먼저 h배로 확대된 도형의 부피는 원래 도형의 h × h × h배가 되기 때문에

$$부피 = \frac{4}{3} \times h \times h \times h = \frac{4}{3}h^3$$

원래 정사각뿔의 부피

가 돼요. 그럼 (밑면의 넓이 × 높이 ÷ 3)은 어떻게 될까요?

밑면의 넓이는 한 변의 길이가 2 × h인 정사각형 넓이니까

$$2h \times 2h = 4h^2$$

이겠죠? 그런데 높이는 h니까 다음과 같을까요?

$$밑면의\ 넓이 \times 높이 \div 3 = 4h^2 \times h \div 3 = \frac{4}{3}h^3$$

맞아요. 높이가 h이며 밑면 중 한 변 길이가 2h인 정사각뿔에 대해서도 (부피 = 밑면의 넓이 × 높이 ÷ 3)이라는 것을 증명할 수 있죠.

1단계에서는 특정 크기의 정사각뿔, 2단계에서는 다양한 크기의 정사각뿔에 대해 (부피 = 밑면의 넓이 × 높이 ÷ 3)이라는 것을 증명했네요.

3단계 : 카발리에리의 원리를 이용해 증명 완성하기

정사각뿔이 아닌 다른 뿔체는 어떻게 증명할 수 있나요?

그게 마지막 3단계예요. 이제부터는 좀 어려우니까 열심히 들어 줘요. 어떤 뿔체 Y에 대해서도 (부피 = 밑면의 넓이 × 높이 ÷ 3)인 것을 증명해 볼게요. 먼저 Y 밑면의 넓이를 S, 높이를 h라고 합시다. 그리고 2단계에서 사용한 '높이가 h이고 밑면이 2h × 2h인 정사각뿔'을 X로 설정하고 X와 Y에 카발리에리의 원리를 사용해 보죠.

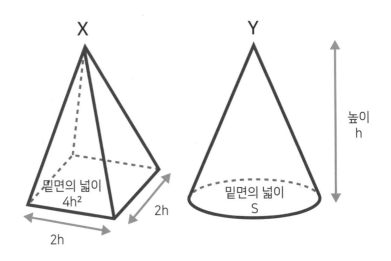

 카발리에리의 원리는 어디에서 잘라도 'Y를 자른 면의 넓이가 X를 자른 면의 넓이의 a배'라면 'Y의 부피도 X 부피의 a배'인 거죠.

그렇죠. 실은 어디에서 잘라도 Y를 자른 면의 넓이가 X를 자른 면의 넓이의 $\frac{S}{4h^2}$ 배이죠.

 Y 밑면의 넓이가 S이고 X 밑면의 넓이가 $4h^2$이므로 밑면에서 보면 분명히 자른 면의 넓이는 Y가 X의 $\frac{S}{4h^2}$ 배가 되었네요.

 맞아요. 밑면의 넓이가 아닌 부분에서도, 예를 들어 정중앙에서 Y를 자른 면의 넓이가 $\frac{S}{4}$ 이고, X를 자른 면의 넓이가 h^2이니까 분명히 자른 면의 넓이를 보면 Y가 X의 $\frac{S}{4h^2}$ 배가 돼요.

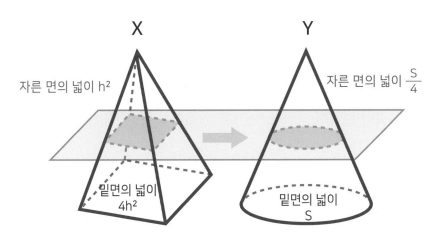

※ 어디에서 잘라도 자른 면의 넓이는 Y가 X의 $\frac{S}{4h^2}$ 배

왜 정중앙에서는 Y를 자른 면의 넓이가 $\frac{S}{4}$ 이고 X를 자른 면의 넓이가 h^2이죠?

 정중앙에서의 자른 면은 밑면의 도형의 길이를 $\frac{1}{2}$ 로 줄인 것과 같으니까 넓이는 $\frac{1}{2} \times \frac{1}{2} = \frac{1}{4}$ 배가 되겠지요.

 그럼 밑면과 정중앙에서는 Y를 자른 면의 넓이가 X를 자른 면의 넓이의 $\frac{S}{4h^2}$ 배인 걸 알 수 있겠네요.

 다른 부분에서 잘라도 똑같은 방식으로 생각한다면 Y를 자른 면의 넓이가 X를 자른 면의 넓이의 $\frac{S}{4h^2}$ 배인 걸 알 수 있을 거예요. 이때 카발리에리의 원리를 사용하면 Y의 부피는 X 부피의 $\frac{S}{4h^2}$ 배가 되겠지요. 게다가 X의 부피는 2단계에서 계산한 것에 따르면 $\frac{4}{3} \times h^3$이니까 아래처럼 될 거예요.

$$Y \text{ 부피} = X \text{ 부피} \times \frac{S}{4h^2}$$
$$= \frac{4}{3} \times h^3 \times \frac{S}{4h^2}$$
$$= S \times h \div 3$$

(밑면의 넓이×높이÷3)이 됐어요!

 카발리에리의 원리는 어떤 밑면의 뿔체라도 똑같이 이용할 수 있기 때문에 원뿔, 삼각뿔 등도

> 뿔체의 부피 = 밑면의 넓이(S) × 높이(h) ÷ 3

이라고 말할 수 있어요.

 꽤 어려웠지만 수식으로도 확실히 증명할 수 있다는 것을 알았어요! 덕분에 망설임 없이 (밑면의 넓이×높이÷3)으로 계산할 수 있을 것 같아요.

성슬의
Check
Memo
　□ 삼각뿔이나 사각뿔, 원뿔의 부피를 {밑면의 넓이(S)×높이(h)÷3}으로 계산할
　수 있다는 것을 증명할 수 있다.

Q 한붓그리기

왜 '밭 전(田)'이란 한자는
한붓그리기가 안 될까?

가능과 불가능을 한 번에 알 수 있는 '한붓그리기'

 물론 도형은 꽤 벅찬 단원이었지만 제가 초등학교에서 배웠을 때보다는 이해가 깊어진 느낌이에요.

 잘 됐네요. 그럼 지금까지와는 조금 다른 방향에서 이야기해 봅시다. '한붓그리기'에 대해 이야기하고 도형을 끝낼까요?

 네? 한붓그리기란 같은 곳을 두 번 지나지 않으면서 한 번에 도형을 그리는 거죠?

 맞아요. 교육 교재나 두뇌 훈련 등에서도 많이 사용되고 있지요.

 한붓그리기와 수학이 무슨 관계예요?

 어떤 글자를 한 번에 쓸 수 있을지 없을지를 판별할 때 수학적으로 접근하는 것이 가능하거든요.

우와! 왠지 재미있을 것 같아요!

 한붓그리기의 규칙은 다음과 같아요.

 한붓그리기의 규칙

> 종이에서 붓을 떼지 않고 도형의 모든 선을 따라 그리는 것을 '한붓그
> 리기'라고 한다. 단, 같은 선을 2회 이상 지나서는 안 되고 반드시 도
> 형의 선을 떼지 않고 그려야 한다.

예를 들어 '입 구(口)'와 '날 일(日)'을 한붓그리기로 쓰면, 아래
그림처럼 돼요.

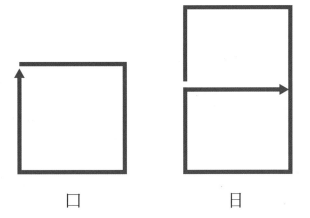

口　　　　　　　日

 넵. 이건 간단하네요!

'밭 전(田)'은 한붓그리기가 가능할까?

 그럼 '밭 전(田)'이란 한자는 한붓그리기가 가능할까요? 실제로 이건 제가 유치원 시절에 처음 풀면서 힘들어 했던 문제로 기억에 남아 있어요.

 해 보고 싶네요! 해 볼게요!

------ 5분이 지나고 ------

 안 되네요…….

 사실 '밭 전(田)'이란 한자는 한붓그리기로 그릴 수가 없어요.

 헉! 5분이나 노력했는데. 현익 선배 너무해요! 어떻게 노력해도 정말로 안 되나요?

 맞아요. '밭 전(田)'이라는 한자는 한붓그리기로 그릴 수 없다는 것을 증명할 수 있어요.

 근데, 한붓그리기가 안 되는 것을 어떻게 증명하는 걸까요? 모든 방법을 다 시도해 보고 안 되는 것을 확인하는 건가요?

 사실은 모든 방법을 시도하지 않아도 알 수 있는 방법이 있어요. 다음 내용이 한붓그리기의 사실이에요.

어떤 도형을 그리려 할 때, 교차점(3개 이상의 선이 모이는 점) 중에서 선이 홀수로 모이는 점이 3개 이상이면 그 도형은 한 번에 그릴 수 없다.

 이 사실을 사용하면 '밭 전(田)'이 한 번에 그릴 수 없는 모양이라는 것을 알 수 있는 건가요?

 네. '밭 전(田)'의 경우를 한번 볼까요?

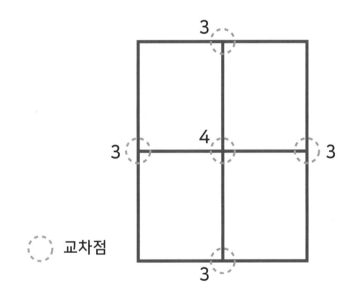

그림을 보면 '밭 전(田)'은 다음과 같다는 걸 알 수 있어요.

> - 3개의 선이 모이는 교차점이 4개
> - 4개의 선이 모이는 교차점이 1개

이 때 선이 홀수로 모이는 점이 4개 있으니까 '밭 전(田)'은 한붓그리기가 안 된다고 판단할 수 있죠.

한붓그리기가 불가능한 경우의 사실을 활용하면 '밭 전(田)'이 한붓그리기로는 그릴 수 없다는 것을 알 수 있네요! 그런데 한붓그리기가 불가능한 경우의 사실은 왜 성립하는 거죠?

사실의 이유가 궁금해진다는 것은 멋진 일이죠! 증명을 간단히 설명하면 다음과 같아요.

> ① 한붓그리기 중에 교차점을 통과하는 경우 '그 교차점을 향해서 들어가는 선'과 '그 교차점에서 나가는 선' 즉, 2개의 선이 쌍으로 필요하다.
> ② 들어가는 선과 나가는 선이 쌍으로 필요하기 때문에 홀수(예: 선 5개)로 선이 모이는 교차점은 몇 번(예: 2번)을 통과해도 반드시 짝이 없는 선이 1개 남게 된다.
> ③ 다만 시작점과 마지막점은 특별해서 시작점은 교차점에서 나가는 선만, 마지막점은 교차점으로 들어가는 선 1개만 존재한다.

즉, 시작점과 마지막점 두 곳만이 '선이 홀수로 모이는 교차점'인 것은 괜찮지만, 그 이외의 '선이 홀수로 모이는 교차점'이 있는 경우는 한붓그리기가 안 된다는 걸 알 수 있죠.

 대충 알겠어요. 한붓그리기가 불가능한 경우의 사실을 사용하면, 모든 방법을 시도하지 않아도 각 교차점에 모인 선을 세는 것만으로 한붓그리기가 안 된다는 것을 알 수 있다는 거죠.

 맞아요. 실은 '한붓그리기가 불가능한 경우의 사실'과 비슷하지만 다음처럼 '한붓그리기가 가능한 경우의 사실'도 성립해요.

> **한붓그리기가 가능한 경우의 사실**
>
> 어떤 도형을 한 번에 그릴 때 교차점(3개 이상의 선이 모이는 점) 중에서 선이 홀수로 모이는 것이 2개 이하이면 그 도형은 한 번에 그릴 수 있다.

 선이 홀수로 모이는 점이 '2개 이하'이면 한 번에 그릴 수 있고, '3개 이상'이면 한 번에 그리는 것이 불가능하네요!

 응, 맞아요. 실제로 한 번에 그릴 수 있는 '날 일(日)'이란 한자를 확인해 봅시다.

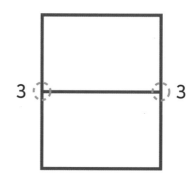

교차점

 그러면 3개의 선이 모이는 교차점이 2개인 것을 알 수 있죠? 결국 선이 홀수로 모이는 교차점이 2개이니까 '날 일(日)'은 한 번에 그릴 수 있다고 판단할 수 있어요.

 그렇네요! 여러 번 그리기를 시도하지 않아도, 선이 홀수로 모이는 점을 세어 보면 한 번에 그릴 수 있을지 없을지를 알 수 있군요!

네, 맞아요. '도형의 확대'에서도 언급했듯이 법칙을 일반화해서 '사실'을 도출할 수 있다면 모든 문제에 대한 해법을 하나하나 외울 필요가 없어요. 즉, 모든 경우에 적용할 수 있다는 거죠.

성슬의
Check
Memo
☐ 한붓그리기가 가능한지 아닌지는 홀수로 선이 모이는 점의 개수를 세어 보면 판단할 수 있다.

3장

'노력'으로
풀 수 있는 문제와
'재능'이
필요한 문제

DAY 25~30

수학 잘하는 사람은 도대체 뭐가 다를까?

'문제 풀이 = 수학 센스'일까?

1장과 2장에서는 수학에서 배우는 기본적인 내용에 대해 '규칙'과 '사실'을 구분하면서 설명했었죠. 성슬 씨는 새로운 관점에서 초등 수학을 다시 공부해 보니 어땠어요?

지금까지 헷갈렸던 초등 수학의 궁금증이 단숨에 해소됐어요! 수학적인 센스가 없는 사람이라도 수학의 규칙과 사실을 하나 하나 쌓아올리다 보니 여러 가지 내용을 이해할 수 있게 되더라고요.

맞아요. 초등학교 수업에서는 여러 학생들에게 정해진 시간 안에 설명해야 하잖아요. 그래서 학생들이 이해하기 쉬운 설명을 어느 정도 이용하는 것은 어쩔 수가 없다고 봐요. 하지만 이번에 새롭게 차근차근 공부했기 때문에 **규칙**과 **사실**에 대해 구별해서 생각할 수 있을 거라고 기대해요.

여러 가지 규칙이나 사실에 대해서 대충 알고 있는 것이 아니라 자신 있게 이유를 설명할 수 있게 되었어요! 그런데 선배, 수학에 대해 궁금한 것이 하나 더 있어요.

뭔데요?

 수학 문제를 잘 풀 수 있는 사람이 되려면 어떻게 해야 될까요? 수학은 다른 교과목과 달리 노력해도 점수가 잘 오르지 않았어요. 열심히 여러 가지 공식을 암기했지만 쉽지 않았고요. 역시 저에게 수학적 센스가 없었던 걸까요?

 아니에요. '수학 문제를 풀 수 있는 사람'과 '수학적 센스가 있는 사람'이 반드시 똑같지는 않아요.

 센스가 없어도 수학 문제를 풀 수 있나요?

 문제에 따라 달라지죠. 수학적 센스가 없어도 노력으로 풀 수 있는 문제도 있어요. 물론 재능이 필요한 문제도 있고요. 수학은 암기 과목이기 때문에 노력만 하면 된다거나 수학은 재능으로 결정되니까 노력해도 소용없다는 등의 한쪽으로 치우친 의견은 옳지 않다고 생각해요.

 두 가지 유형의 문제가 다 있군요. 자세히 알려 주세요.

 자, 그럼 3장에서는 노력으로 풀 수 있는 문제와 재능이 필요한 문제의 차이를 생각하면서, 수학 문제를 풀려면 어떻게 해야 하는지 설명해 줄게요.

수학 문제는 세 종류로 나뉜다

 수학 시험에서 출제되는 문제는 크게 **노력으로 풀 수 있는 문제**와 **재능이 필요한 문제** 두 가지로 나눌 수 있고 좀 더 구분해 보면 다음과 같은 세 종류로 나눌 수 있어요.

> ① 전형적인 문제
> 수학적인 지식을 묻는 이른바 자주 출제되는 문제이다. 전형적인 유형을 기억해 두면 숫자 등을 대입하는 것만으로도 풀이가 가능하다.
>
> ② 전형적인 문제의 응용
> 전형적인 문제에서 쓰인 지식을 다른 유형의 문제에 응용할 수 있는지 묻는 문제이다.
>
> ③ 전형적이지 않은 문제
> 수학적 창의력이 필요한 문제이다. 수학적인 감각이 없으면 아무리 지식의 양이 많아도 풀 수 없는 경우가 있다.

이 종류 중에 ①은 노력하면 반드시 풀 수 있는 문제이고, ②는 노력으로 얻은 지식을 다른 문제에 응용할 수 있도록 일반적인 개념을 익히면 풀 수 있어요. 보통의 시험 문제에서는 기본적으로 ①과 ② 유형 중심으로 출제되곤 하죠.

③ 같은 문제 유형은 거의 출제되지 않나요?

 ③은 '수학적 창의력'이 번뜩이지 않는 한 풀 수 없는 문제예요. 수학적으로 평범한 사람을 뛰어넘는 창의력을 가진 사람을 찾으려는 게 아니라면 기본적으로 출제되지 않아요.

 그럼 ③ 같은 문제는 거의 신경 쓰지 않아도 되나요?

 일단은 ①과 ②가 더 중요해요. ①~③을 그림으로 나타내면 다음과 같이 될 거예요.

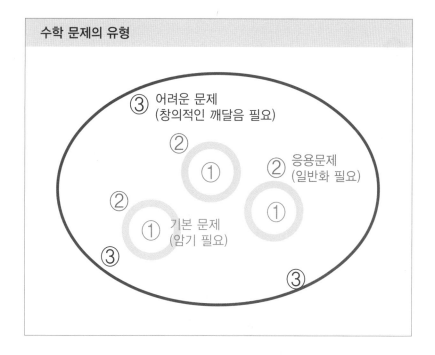

수학 문제의 유형

①번 유형의 문제는 그림처럼 각각 따로 떨어져 있는 수학 지식을 차근차근 배워 나가면 풀 수 있게 돼요.

수학이 암기 과목이라고 하는 것은 이런 문제가 많이 출제되기 때문이군요.

②번과 같이 응용력이 필요한 문제는 ①번과 다르지만 ①번의 지식을 응용하거나 조합해야 풀 수 있는 문제예요. ②번과 같은 종류의 문제는 **지식을 일반화해서 기억하는 힘**이 필요해요.

지식을 일반화해서 기억하는 힘이요?

한붓그리기를 예로 말하자면 '날 일(日)'은 한 번에 그릴 수 있지만 '밭 전(田)'은 한 번에 그릴 수 없는 것처럼 구체적인 예시에 대한 지식이 아니라, 선이 홀수로 모이는 교차점이 3개 이상이면 한 번에 그릴 수 없다는 것과 같이 일반화된 지식을 기억해 두는 힘이지요.

일반화된 지식을 기억하면 '날 일(日)'이나 '밭 전(田)' 이외의 도형도 한붓그리기가 가능한지 판단할 수 있으니까요.

그렇죠. ①번 유형에서 얻은 지식을 일반화해서 외워 두면 비슷한 문제인 ②번 문제가 나왔을 때 활용할 수 있어요. 문제 하나하나의 결과를 암기하면 하나의 문제만 풀 수 있겠지만 일반화된 지식을 기억하면 더 많은 문제가 풀리죠. 일반화하는 힘을 기르지 않으면, 모든 문제를 매번 각각 공부해야 하기 때문에 공부가 매우 힘들어져요.

그렇겠네요. 그렇다면 ①번 유형을 바탕으로 ②번 유형의 문제를 풀 수 있게 되는 것이 중요하겠군요.

흔히 수학은 암기라고 하는 사람이 있지만 실제로는 그 사람에게 어느 정도 일반화하는 능력이 있는 경우가 많아요. 무의식적으로 ②번 유형의 문제를 풀기 때문에 암기라고 생각하는 게 아닐까 싶어요.

수학 문제는 암기력만으로 혹은 응용력만으로 풀 수 있는 건 아니네요!

물론 여러 입시 등에 출제되는 수준의 문제 풀이를 목표로 하고 있다면 **암기력과 응용력 둘 다 필요**하다고 생각해요. 지식이 부족하면 응용력도 한계가 생기니까요.

참고로 ③번 같은 문제는 앞의 '수학 문제의 유형' 그림에서 어떤 위치에 있나요?

③번 같은 문제는 예를 들어 ①과 ②번 같은 문제에서 상당히 멀리 떨어진 곳에 있을 것 같은 유형이에요.
③과 같은 문제는 하나하나가 전혀 다르기 때문에 일반화된 풀

이 방법이 없어요. 학습을 통해 지식을 최대한 넓히고 ③번 중에서도 비교적 ②번에 가까운 문제를 만나게 될 때 그것을 놓치지 않고 푸는 것 밖에 할 수 있는 게 없는 것 같아요.

그러네요. 그럼 수학 문제를 풀 수 있는 능력을 키우려면 어떤 문제로 연습하는 것이 좋을까요?

마찬가지로 ①번 문제로 지식을 늘리고 ②번 문제로 응용력을 키우는 것 둘 다 중요하다고 생각해요. 이 장에서는 ①~③이 어떤 문제로 이루어져 있는지를 살펴보면서 수학을 제대로 공부할 수 있는 방법을 찾아보려고 해요.

실전 수학 문제라니, 좀 떨리네요. 꼭 가르쳐 주세요!

1+2+3+⋯+99+100을
쉽게 계산하는 방법

전형적인 문제란 어떤 것일까?

 시작은 ①번 유형인 '전형적인 문제' 예시부터 살펴봅시다.

 알고 있으면 풀 수 있는, 자주 나오는 문제죠!

 유형을 알고 있으면 창의력이 없어도 풀 수 있는 문제로 쉬운 편이죠.

> ❓ **문제**
>
> 1 + 2 + 3 + ⋯ + 99 + 100을 계산하시오.

 음. 이거 100번이나 더해야 하다니 꽤 힘들 것 같네요. 연산 능력을 묻는 문제인가요?

 이것은 '1부터 n까지의 정수를 모두 더하기'라는 유명한 문제이고, 방법으로는 유명한 해법이 있지요. 다음과 같이 쉽게 풀 수 있어요.

1부터 100까지를 앞과 뒤에서 하나씩 짝을 지어서 더하기

→ 각각의 짝을 더한 답은 모두 101이다.

$1 + 100 = 101$

$2 + 99 = 101$

$3 + 98 = 101$

…(중략)…

$49 + 52 = 101$

$50 + 51 = 101$

50쌍의 짝이 만들어졌기 때문에

$50 \times 101 = 5050$

이렇게 간단히 끝나요.

 굉장하다. 그런데 확실히 방법만 알고 있으면 단숨에 풀리네요!

 이 문제는 이제 유명한 문제라서 공부를 꾸준히 하는 학생이면 수학 센스가 없어도 풀 수 있어요.

 그렇군요. 이제부터는 저도 풀 수 있겠어요!

반대로 이 방법을 모르는데 갑자기 짧은 시간에 답을 찾는 것은 꽤 어려워요. 19세기 유명한 수학자인 가우스(1777~1855)는 초등학생 시절에 선생님께서 이 문제를 내셨을 때, 즉석에서 이 방법으로 문제를 풀어서 모두를 놀라게 했다고 해요.

 위대한 인물의 에피소드로 나올 법한 이야기네요.

 이것을 처음 보고 풀 수 있는 사람도 있지만, 그렇게 위인 수준의 센스를 가지고 있지 않아도 푸는 방법을 알고 있으면 이런 문제를 풀 수는 있지요.

 다양한 문제를 익히면서 풀 수 있는 문제가 늘어나는 전형적인 예시네요.

성슬의
Check
Memo

☐ 전형적인 문제는 공부를 통해 푸는 방법을 기억해 두면 천재가 아니라도 풀 수 있다.

☐ 수학은 암기만으로 풀 수 있는 것이 아니지만 전형적인 문제에는 암기가 중요하다.

3+7+11+⋯+39+43을
쉽게 계산하는 방법

전형적인 문제의 응용이란?

 앞에서 설명한 ①번 유형은 '앞과 뒤에서 하나씩 짝짓기'라는 방식을 알고 있다면 간단하게 풀 수 있었죠. 다음은 그에 대한 응용문제를 소개할게요.

 지식을 일반화해서 응용할 수 있는지를 묻는 문제죠?

 방금 전의 지식을 활용해서 다음 문제도 풀 수 있어야겠죠?

❓ 문제

> 3 + 7 + 11 + ⋯ + 39 + 43을 계산하시오.

 숫자가 띄엄띄엄 있네요. 그러면 아까 그 방법으로는 못 푸는 것이 아닐까요?

 고등학교 수학의 등차수열을 알고 있는 사람은 조금 전 문제와 난이도의 차이를 크게 느끼지 못할 거예요. 하지만 처음 보는 사람은 앞에서 공부했던 지식을 조금 응용해서 풀 필요가 있죠.

3 + 7 + 11 + … + 39 + 43

조금 전과 마찬가지로 '앞과 뒤에서 짝짓기'

3 + 43 = 46

7 + 39 = 46

11 + 35 = 46

15 + 31 = 46

19 + 27 = 46

→ 23이 남음

더해야 할 숫자가 총 11개니까 앞·뒤로 짝을 지으면

5쌍이 되고 가운데 수가 23이기 때문에

46 × 5 + 23 = 253

이런 방식으로 쉽게 정답을 찾을 수 있어요.

그렇군요! 순간적으로 하나씩 다 더해 버릴까도 생각했는데 역시 이것도 간단하게 계산 가능하네요.

일반화가 수학 문제 해결을 좌우한다

이 문제를 어렵다고 생각한 사람도 있을 테고 1부터 100까지의 덧셈을 구하는 방법과 같다고 느낀 사람도 있을 거예요.

1에서 100까지의 덧셈과 같다고요?

지난번 문제의 해법을 보면서 '1에서 100까지의 합은 앞과 뒤를 짝지어 계산하면 된다'라고 생각했는지 '일정한 크기만큼씩 커지는 수의 합은 앞과 뒤를 짝지어 계산하면 된다'라고 생각했는지의 차이죠. 두 번째처럼 일반화해서 이해할 수 있다면 두 문제 모두 같은 유형으로 보일 거예요.

 '일정한 크기만큼씩 커지는 수의 덧셈'으로 생각했다면 풀이 방법으로 앞의 수와 뒤의 수를 짝지어 보자고 생각할 수 있겠네요!

 1에서 100까지의 덧셈과는 형태가 조금 달라도 비슷한 풀이 방법을 사용해서 풀어 보겠다고 생각하면 해법을 금방 이끌어 낼 수 있어요.

 한 문제의 풀이 방법을 더 많은 문제를 해결할 수 있는 방법으로 넓히는 힘이 수학의 응용력이군요!

 그래요. 이렇게 하나의 문제와 풀이 방법을 일반화해서 기억하면 여러 가지 문제에 대응할 수 있어요.

성슬의
Check
Memo

☐ 한 문제의 풀이 방법을 그대로 기억하는 것이 아니라 많은 문제에 대입할 수 있도록 일반화하여 생각하는 힘이 '응용력'이다.

☐ 수학에서는 암기와 응용력이 모두 중요하다.

이 '보조선'을 눈치챘을까?

'전형적이지 않은 문제'란 어떤 것일까?

 수학 실력을 키우려면 역시 문제를 피하지 않고 제대로 풀려고 하는 것이 중요하군요!

 국제수학올림피아드 수상과 같은 목표를 갖고 있는 게 아니라면 기본적으로는 ①번 유형의 문제를 공부하면서 ②번과 같은 문제를 풀 수 있도록 연습하고, 가지고 있는 지식을 넓혀서 생각하는 마음가짐이 중요합니다.

 그렇지만 그런 문제도 수학적 센스가 없으면 어렵지 않을까요?

 각각의 지식을 연결하려면 응용력이 필요한 것은 분명해요. 하지만 수학적 지식의 연장선 위에 있기 때문에 노력하면 어떻게든 늘게 돼요. 진정한 의미에서 수학적인 센스가 필요한 문제는 ②번 유형의 문제와는 또 다른 어려움이 있어요.

어? 그건 어떤 문제죠?

 음······. 예를 들어 다음과 같은 문제예요.

? 문제

그림에서 각 X의 크기를 구하라.

 응? 음, 이건 평행사변형도 사다리꼴도 아닌 사각형이죠?

 맞아요. 따라서 평행선의 엇각이나 삼각형의 합동 등을 사용해서 답을 구할 수도 없어요.

사각형 안의 삼각형 각도에 대한 정보도 부족하고 이것만으로 답을 낼 수가 없을 것 같은데요.

 이건 **랭글리 문제**라고 불리는 유명한 문제예요. 평소에는 생각하기 어려운 보조선을 그리게 되면 답이 30°가 된다는 것을 알 수 있어요. 먼저 사각형 ABCD의 한 변 CD 위에 ∠EBC = 20°가 되도록 점 E를 찍어요.

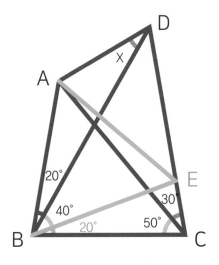

 네? 왜 이런 이상한 곳에 점 E를 찍는 거죠?

이른바 '천재의 번뜩임*'같은 것이랄까요? 이상해 보이겠지만 이렇게 하면 문제가 잘 풀려요. 다음으로 이 점 E를 향해 보조선을 긋고, 완성된 선분을 AE, BE라고 합시다. 그러면 BC = BE가 되죠.

 ……, 왜 그렇죠?

 먼저 $\angle BCA$가 50°, $\angle ECA$가 30°이니 둘을 합친 $\angle BCE$는 80°가 되겠죠. 삼각형 BCE로 보면 $\angle CBE + \angle BCE = 100$°이고, 삼각형 내각의 합계는 180°이므로 $\angle BEC = 80$°가 되는 거죠.

 그렇다면 삼각형 BCE는 2개의 각이 각각 80°라는 거네요.

 잘 알아차렸네요. 즉, $\angle BCE = \angle BEC = 80$°이니 삼각형 **BCE는 이등변삼각형**이 되는 걸 알 수 있죠.

역자 주. 수학적 창의성에 의해 번쩍 떠오른 아이디어이기 때문에 논리적으로 설명할 수 없다는 뜻이에요.

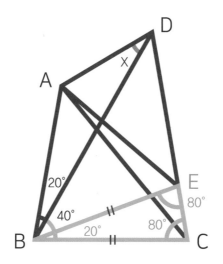

 여기까지 이해했다면 다음으로 삼각형 ABC에 주목해 봅시다. 삼각형 ABC에서는 ∠BCA = 50°, ∠ABC = 80°이니 삼각형 내각의 합의 사실에 따라서 ∠BAC = 50°가 된다는 걸 알 수 있죠.

 여기서도 ∠BCA = ∠BAC = 50°이니까 **삼각형 ABC가 이등변삼각형**이라는 것을 알 수 있군요!

 맞아요. 따라서 AB = BC라는 것도 알 수 있고, 위의 두 사실에 따라 AB = BE라는 사실도 알 수 있어요.

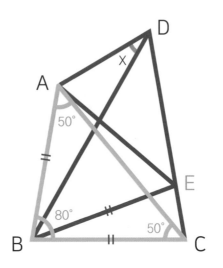

 뭐라고요? 삼각형 ABC가 이등변삼각형이니까…….

 삼각형 ABC는 이등변삼각형이므로 AB = BC, 삼각형 BCE 역시 이등변삼각형이므로, BC = BE. 즉, AB = BC = BE가 성립하게 되는 거죠.

 아, 그렇구나.

 다음으로 삼각형 ABE를 봅시다. AB = BE이므로 삼각형 ABE 는 AB와 BE의 길이가 같은 이등변삼각형이죠. 게다가 꼭지각 ∠ABE = 60°이므로 삼각형 ABE는 **정삼각형**인 걸 알 수 있죠.

결국 정삼각형까지 등장해 버리는군요.

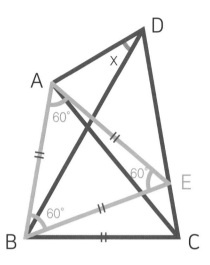

 맞아요. 그렇다면 이번에는 삼각형 BCD에 주목해 볼까요? 그러면 ∠BDC=180°−(60°+80°)=40°가 됩니다. 그리고 이로 인해 ∠EBD=∠EDB=40°가 되므로 삼각형 BDE는 BE=DE인 이등변삼각형이라는 것을 알 수 있죠.

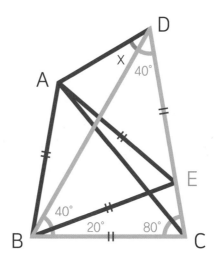

이제 여기에서 길이가 같은 변끼리 묶어서 나열해 보면, AB = AE = BE = DE = BC와 같은 관계가 이루어지는 것을 알 수 있어요.

이 문제의 도형이 굉장히 특수한 것이었군요.

이 중에서도 특히 AE = DE에 주목해서 보자면 $\angle BEC = 80°$, $\angle BEA = 60°$이며 반원의 각도는 $180°$죠. 그래서 $\angle AED = 40°$가 돼요. 그리고 AE = DE이므로 **삼각형 EAD는 꼭짓점이 40°인 이등변 삼각형**이란 걸 알 수 있죠.

오. 그러면 이제 다른 두 각도도 알 수 있네요.

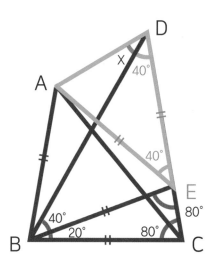

 그래요. ∠ADE는 꼭지각이 40°인 이등변삼각형의 밑각이죠. 또한 이등변삼각형의 밑각은 서로 같으니까

(180° - 40°) ÷ 2 = 70°

즉, ∠ADC = 70°가 돼요.

대부분의 각도를 알게 됐네요! 이제는 뭘 알면 좋을까요?

 이제 곧 문제의 답에 도달할 거예요. x의 각도는 ∠ADC에서 ∠BDC를 뺀 값이 되겠죠? ∠BDC의 각도는 40°로 이미 계산했으니까 x = ∠ADC − ∠BDC = 70° − 40° = 30°가 돼요.

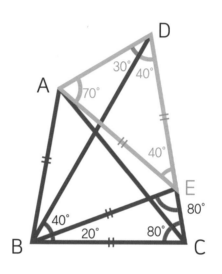

전형적이지 않은 문제는 못 풀 수도 있다

 역시 이런 문제는 어렵죠?

 이건 너무 버겁네요. 나중에 네 번 정도 다시 읽어 봐야 할 것 같아요.(땀)

확실히 아주 복잡한 작업이었죠. 그러나 한 번 더, 냉정하게 다시 생각해 봅시다. **기본적으로는 초등 수학 지식만으로도 풀 수 있는 문제긴 했지요?**

 그러고 보니 그렇군요! 사용한 지식은 이등변삼각형이나 정삼각형의 조건 등 수학의 사실뿐이었어요.

 이 문제가 굉장히 고난도인 이유는 힌트가 거의 없는 상태에서 '점 E를 찍고 거기에서 2개의 보조선 긋기'라는, 문제를 푸는 데 아주 결정적인 열쇠가 될 만한 작업이 필요했기 때문이에요.

 다양한 위치 중에, 왜 점 E의 위치를 골랐는가에 대한 이유는 문제를 거의 다 풀고 나서 알게 되네요.

 맞아요. 보조선을 그은 단계에서 평범한 사람은 x의 각도에 대한 답을 찾을 수 있을지 없을지 알 수 없죠.

 완전히 엉뚱한 보조선처럼 보이는데 막상 풀어 보면 단번에 답을 찾을 수 있네요.

 이렇게 엉뚱해 보이는 보조선은 수학적인 감각이 없으면 좀처럼 생각나지 않죠.

현익 선배 정도로 수학을 잘하지 못하면 역시 풀기 어렵다는 뜻인 거죠.

 아니에요. 저도 처음에는 풀지 못했어요. 저는 도형 문제를 좋아하기도 해서 중학생 때 랭글리 문제를 보게 되었는데, '왜 저런 보조선을 긋는 거야!'라고 생각했죠.
참고로 랭글리 문제는 각도의 값을 바꾸면 다양한 문제를 만들 수 있어요. 이번에는 그 중에서도 비교적 풀이 방법이 쉬운 것을 선택했어요.

 굉장한 세계네요!

 그렇다고 해도 정말로 특수한 상황이 아니라면 이런 유형의 문제는 입시 시험에 잘 출제되지 않아요. 일반적인 대학 입시는 '천재적 능력'이 아닌 '고등학교 수준의 수학 능력'을 측정하기 위한 것이기 때문이죠.

 그러면 이런 문제들을 너무 열심히 연습할 필요는 없다는 뜻인가요?

그렇죠. ③번 문제 유형은 주로 수학올림피아드를 목표로 하는 사람들이나 도전할 것 같은 문제예요. 일반적으로 자주 출제되는 문제는 ①번이나 ②번 유형의 응용문제이니까 그 정도 수준까지 실력을 키우는 게 좋아요.
③번과 같이 창의력이 필요한 문제가 풀리지 않았다고 해서 기죽을 필요는 전혀 없어요.

 다행이네요.

성슬의
Check
Memo
□ 랭글리 문제처럼 '전형적 문제의 암기+응용력'으로는 풀 수 없는 어려운 문제도 있다.

□ ③번 유형의 어려운 문제는 일부의 수학적 재능이 뛰어난 사람만 풀 수 있으므로 풀지 못했다고 기죽을 필요가 없다.

🔍 수열의 일반항

1, 1, 2, 3, 5···의 다음 숫자는?

IQ 테스트에도 나오는 수열˚ 문제

여기까지
① 전형적인 문제
② 전형적인 문제의 응용
③ 전형적이지 않은 문제 (창의력이 필요한 문제)
세 가지 문제 유형을 각각 살펴봤어요.

③번 유형을 풀 때에 필요한 수학적 창의력을 시험한다는 의미에서 IQ테스트와 같은 문제도 있죠. 수가 나열되어 있고 다음 수를 예측하는 것과 같은 거요.

수열의 일반항을 구하는 문제네요. 초등학교 저학년 정도일 때, 특히 퀴즈 프로그램에서 봤던 문제가 있는데, 옛날 생각나니까 문제 한번 내 볼게요.

어떤 문제인가요?

───────────────
역자 주. 어떤 규칙에 따라 차례로 나열된
수의 배열을 말해요.

다음과 같아요.

> **? 문제**
>
> 1, 1, 2, 3, 5, …으로 이어지는 수가 있을 때, 5 다음에 올 숫자는?

 우와! 창의력이 필요한 문제잖아요, 이거 어렵네요.(땀)

 예를 들어 위의 숫자 나열을 앞의 숫자 2개를 더한 것이 바로 다음 의 수가 되는 수열이라고 생각할 수 있어요.

 네? 그게 뭐죠?

 처음부터 하나씩 살펴봅시다.

> **! 해법 1**
>
> 1, 1, 2, 3, 5, …
>
> 1 + 1 = 2 ← 첫 번째와 두 번째를 더하면 세 번째 수
>
> 1 + 2 = 3 ← 두 번째와 세 번째를 더하면 네 번째 수
>
> 2 + 3 = 5 ← 세 번째와 네 번째를 더하면 다섯 번째 수
>
> 3 + 5 = 8 ← 네 번째와 다섯 번째를 더하면 여섯 번째 수

즉, 답은 '8'이 되죠.

음, 이런 거 시원시원하게 풀어 보고 싶어요.

 말하자면 이러한 수열을 '피보나치 수열'이라고 해요. 피보나치 수열에 대한 지식이 없는 상태에서 풀 수 있는 방법을 알아냈다면 꽤 생각이 유연한 거예요.

 이런 수열을 보면 고등학생 때 공부했던 수열 식에 맞춰 보고 싶은데 공식이 생각나질 않네요.

 수열을 생각해 낸 것은 아주 좋아요! 사실 이 문제에는 약간의 주의 사항이 있는데 그것이 수열에 관한 내용이거든요. 좀 다른 접근 방식을 소개할게요.

> **! 해법 2**
>
> 고등학교 수학 지식이지만, 이 수열을 함수로 생각할 수도 있다. 예를 들어 정렬되는 순서를 x, 정렬되는 숫자를 y라고 하고 대응 관계를 써 볼 수 있다.
>
> x = 1 일 때, y = 1
> x = 2 일 때, y = 1
> x = 3 일 때, y = 2
> x = 4 일 때, y = 3
> x = 5 일 때, y = 5

문제에 특별한 조건이 없기 때문에 이 5개의 점을 통과하는 가장 간단한 함수, 즉 **4차 함수**로 수열을 이해해 볼 수도 있어요.

 얼핏 보면 수열 문제 같은데, 함수로도 생각할 수 있다는 것이 재밌네요!

 문제에 어떤 수열에 관한 것인지 조건을 따로 설명하지 않았어요. 그래서 4차 함수로 푸는 방법이 완전히 잘못됐다고 할 수 없는 거죠.

 그래서 어떤 함수가 되나요?

 5개의 점을 지나는 4차 함수를 열심히 계산하면 다음과 같아요.

$$y = \frac{1}{12}x^4 - x^3 + \frac{53}{12}x^2 - \frac{15}{2}x + 5$$

복잡한 식이 됐죠. 어쨌든 수열의 6번째 숫자를 구하라는 문제이니까 이 식에 x = 6을 대입해서 풀게 되면 y = 11이 돼요.

피보나치 수열과는 다르게 11이 답이 되었네요.

 물론, 해법 2는 답을 내는 과정이 좀 억지스럽고 얄궂기는 하지만 틀렸다고 할 만한 정당한 이유가 없어요. 그런데 학교의 수학 시험은 주로 정답이 하나가 아니면 점수를 받지 못하는 시스템이니까, 정답이 하나뿐인 시험 문제를 내야 하죠.

 제대로 된 수학 문제를 낸다는 게 꽤 손이 많이 가네요.

 수학 교과서는 이런 억지스러운 반론을 피하기 위해서 세세한 설명을 길게 하거나 반대로 설명을 얼버무리고 생략하는 부분이 있어요. 때로는 그게 종종 교과서가 잘 이해되지 않는 이유 중 하나라고 생각해요.
수학에 대한 자세한 토론을 할 수 있는 사람은 사물의 예외나 틈을 잘 발견하는 경우가 많거든요.

아, 알 것 같아요! 일상 대화에서도 적당히 얘기하면 "아니에요, 이 경우에는 그렇지 않아요"라며 돌려서 비판할 것 같은 느낌이 있어요.

개인의 날카로운 비판이 일상생활에서는 불편하게 보이기도 하지만 수학 이론을 만들 때에는 중요한 역할을 하기도 해요. 작지만 잘못된 부분을 잘 보는 사람은 자잘한 논리적 구멍도 잘 찾아낼 수 있으니까요.
이 피보나치 수열 문제에서도 해법 2를 통해서 얻은 답에 대해서 선생님이 그냥 틀렸다고 하면 학생이 수학적 배움의 기회를 잃는 것일 수도 있어요.

그게 바로 제가 초등학교 때 힘들어 했던 이유 그 자체예요……. 이번에 선배의 과외 수업을 듣고 새삼 수학의 즐거움을 느낄 수 있었어요.

성슬의
Check
Memo

☐ IQ 테스트 등에서 보는 '다음 숫자를 구하시오'와 같은 유형의 문제에는 정답이 2개 이상일 수도 있다.

☐ 억지스러운 해법도 수학적으로 틀리지 않다면 훌륭한 정답이다.

🔍 정해진 수로 특정 숫자 만들기

4를 4개 사용해서 0~10 만들기

처리 능력을 묻는 문제

여기까지 내용을 정리해 볼까요?

> ① '전형적인 문제'를 통해 지식을 쌓는다.
> ② '전형적인 문제의 응용'을 통해 응용력을 익힌다. 지식과 응용
> 력 모두 필요하다.
> ③ '전형적이지 않은 문제(창의성이 필요한 문제)'는 풀게 되면
> 즐겁지만 일반 시험에서는 중요성이 떨어진다.

정말 일반적인 대학교 입학 시험에서는 수학적 창의성이 별로
필요 없나요?

기본적으로 일반적인 학력 시험에서 확인하고 싶은 것은 교육
과정을 잘 따라왔는가예요. ③번 유형과 같은 수학적 창의성이
필요한 문제는 원래 학교 교육 과정과는 거리가 좀 머니까 일반
시험에서 보기는 어렵지요.

그렇군요. 그럼 세계적인 유명 대학교 입학 시험에서 높은 점수
를 받으려면 ③과 같은 창의성도 필요할까요?

어디까지나 제 개인적인 생각이지만, 세계적인 유명 대학 입시에서도 ③과 같은 문제는 요즘 잘 보지 못한 것 같아요.

 의외네요. 세계적인 유명 대학 입시를 위해 높은 수학 점수를 받아야 한다고 하더라도 그렇게까지 수학적 창의력이 필요하지는 않은 건가요?

 높은 점수를 받으려면 대단한 수학적 창의력보다도 처리 능력이 필요한 부분에서 어려워 하는 경우가 많다고 생각해요.

 처리 능력이 필요하다고요?

 문제의 분류로는 ①번이나 ②번 유형이더라도 답을 찾기까지 많은 계산과 여러 가지 경우의 수를 생각해야 하는 문제가 나오거든요. 이런 문제는 풀이 방법을 생각해 내는 것은 어렵지 않지만 답을 구하기까지가 힘들어요. 많은 계산과 여러 가지 경우의 수를 생각해야 하는 문제를 재빠르고 정확하게 처리하는 능력이 필요한 거죠.

 '처리 능력'이란 많은 계산과 여러 가지 경우의 수를 생각해야 하는 문제를 빠르고 정확하게 풀어내는 능력이군요. 처리 능력이 필요한 문제에는 어떤 것들이 있을까요?

 지금 어려운 수능 문제를 설명할 수는 없지만, 이러한 능력이 필요한 문제들의 예시를 살펴봅시다.

'처리 능력을 묻는 문제' 어떤 것일까?

 ? 문제

> 사칙연산과 숫자 '4'를 4개 사용해 답으로 0부터 9까지 만드시오.

 지금까지의 설명 방식으로는 증명을 해야 하는데 이번에는 분위기가……

음. 확실히 해 보는 수밖에 없겠네요. 답으로 0부터 9를 얻는 방법은 아래와 같아요.

! 해법

$$4 - 4 + 4 - 4 = 0$$
$$(4 \div 4) + 4 - 4 = 1$$
$$(4 \div 4) + (4 \div 4) = 2$$
$$(4 \times 4 - 4) \div 4 = 3$$
$$(4 - 4) \times 4 + 4 = 4$$
$$(4 \times 4 + 4) \div 4 = 5$$
$$(4 + 4) \div 4 + 4 = 6$$
$$4 + 4 - (4 \div 4) = 7$$
$$4 + 4 - 4 + 4 = 8$$
$$4 + 4 + (4 \div 4) = 9$$

4를 4개 사용해서 10은 답으로 만들 수 없나요?

음……. 사칙연산만으로는 아무리 해도 10을 만들 수 없어요. 다만, 이걸 증명하는 것은 너무 힘들어요. 만드는 것을 증명하는 것은 실제로 해 보면 되는 거지만 아무리 해도 만들 수 없는 것을 증명하기 위해서는 모든 계산 방식을 시험해서 확인해야 하기 때문에 손으로 계산하고 있을 수가 없어요.

이 문제는 처리 능력을 묻는 문제인가요?

이 문제는 어쨌든 여러 가지 방법을 시험해 보고 답이 1~9가 되는 식을 찾는 문제라고 생각하면 처리 능력을 묻는 문제일 수 있겠지요.

확실히 여러 가지 방식을 재빠르게 계산할 수 있는 능력이 필요한 것 같네요.

반면에 수학적 창의력이 있는 사람은 여러 가지 방식을 시험할 때 절대로 안 될 것 같은 방법은 해 보지 않거나 잘 될 것 같은 방식을 먼저 해 보는 것이 가능하겠죠. 즉, 이 문제는 ③번 유형의 수학적 창의력이 필요한 문제라고 볼 수도 있어요.

그러네요.

그러니까 이 장에서 나누었던 문제 ①~③번 유형은 한 가지로 정해진 것이 아니고 이 문제처럼 명확하게 나눠지지 않는 경우도 있어요.

 이 문제를 ①번 유형 중 처리 능력을 묻는 문제라고 생각하는 사람이 있는가 하면 창의성이 필요한 ③번 유형이라고 생각하는 사람도 있는 거죠.

 맞아요. 어떤 문제가 ①~③번 유형 중 어디에 들어가는지는 사람에 따라 다르게 생각할 수 있어요. 단, ① 전형적인 문제, ② 전형적인 문제의 응용, ③ 전형적이지 않은 문제라는 세 가지 유형이 있고 이들을 풀기 위해서는 각각 '지식', '응용력', '수학적 창의력'이 필요하다는 점은 확실하지요.

수학 문제를 잘 풀기 위한 비법

 처리 능력이 필요한 문제를 잘 풀기 위해서는 어떻게 해야 될까요?

 기본은 연습뿐이에요. ①번이나 ②번 유형의 문제를 많이 풀면 처리 능력은 저절로 올라가요. 그리고 평소에도 처리 능력의 중요성을 기억해야 해요. 계산 실수를 했을 때 푸는 방법은 알고 있으니까 정답을 찾은 거나 마찬가지라고 변명하지 말고 내가 처리 능력이 부족했다고 반성할 필요가 있어요.

네. 계산 실수로 틀렸을 때 '방법은 아니까 복습은 안 해도 되겠지'라고 생각하고 끝내지 말고 반성해서 계산 실수의 이유를 생각해 보면 처리 능력도 향상될 것 같네요.

맞아요. 마지막으로 이 장의 내용을 정리해 볼게요. 수학을 잘하려면 다음 네 가지를 항상 생각하고 있어야 해요.

- 암기는 필요하다.
- 응용력(일반화하는 힘)도 필요하다.
- 처리 능력도 중요하다.
- 수학적 창의력은 없어도 입시 수준이라면 노력해서 풀 수 있다.

수학을 잘하기 위해서는 몇 가지가 필요하네요. 수학의 세계는 정말 오묘하면서 깊이가 있는 것 같아요. 초등 수학만으로도 그 세계에 폭 빠져들 수 있었어요!

이 책의 목적은 다음과 같이 두 가지입니다.

1. 초등학교 수학 수업에서 잘 이해되지 않던 수학 속 규칙과 사실을 남에게 설명할 수 있는 수준까지 제대로 이해한다.
2. 수학을 전문적으로 다루는 사람들의 사고방식을 일단 경험해 본다.

특히 1을 실현하기 위해 논리성과 쉽게 이해하기라는 두 마리 토끼를 모두 잡으려고 노력했습니다. 논리성과 쉽게 이해하기라는 조건을 동시에 갖춰야 한다는 것은 제가 평소에 생각하고 있는 것이기도 합니다.

수학에서는 한 부분이라도 논리가 어긋나면 결론으로 이어지지 않아서 가치가 전체적으로 사라져 버리는 경우가 많기 때문에 논리성이 매우 중요합니다.

반면 쉽게 이해하기도 똑같이 중요하다고 생각합니다. 아무리 논리정연해도 어렵고 이해가 되지 않으면 읽는 사람에게는 아무런 가치가 없기 때문입니다.

수학을 소재로 논리성과 쉽게 이해하기라는 조건을 모두 만족시키는 것은 매우 재미있고 어려운 도전이었습니다. 시행착오를 거치면서 나름대로 답을 찾을 수 있었다고 자부하고 있습니다.

즉 어떤 수학적 내용을 양의 정수 c라고 한다면 (쉽게 이해하기 + c × 논리성)[*]으로 최고의 책이 되지 않았나 싶습니다.

역자 주. 책에 수학에 대한 논리성과 쉬운 이해를 위한 방법을 더했다는 표현을 수학적으로 나타낸 것입니다.

물론 위의 c는 그다지 비중이 크지 않기 때문에 수학을 전문으로 다루고 있는 분들은 '비논리성'이 남아 있다고 느낄 수도 있습니다. 예를 들어 이 책에서는 다른 명제를 증명하는 데 전제가 되는 원리와 정의에 대한 미묘한 차이 등은 건드리지 않고 대략적으로 '정의'를 '규칙'으로, '정리'를 '사실'로 불렀습니다.

또한 제2장에서는 '1cm×1cm의 정사각형이 총 몇 개인가?'로 넓이의 규칙을 정하고, 직사각형의 넓이는 위의 규칙에서 나온 사실이라고 했지만 직사각형 넓이는 (가로 길이×세로 길이)로 정의하는 것이 일반적입니다. 그렇지만 논리성을 너무 추구하다 보면 쉽게 이해하기라는 조건을 놓칠 것 같아, 지금 이 책의 내용이 가장 적당하다고 판단했습니다.

완벽하게 치밀하다고까지는 할 수 없지만, 그래도 규칙과 사실의 차이나 규칙을 시작으로 사실을 쌓아가는 수학의 재미가 충분히 전달될 수 있는 내용을 담았다고 생각하고 있습니다.

마지막으로 원고를 확인해 준 친구, 가족에게 진심으로 감사합니다.

2020년 2월
난바 히로유키

내용 연계 단원

Q 2015개정 학년별 수학 교과 과정 중
이 책에서 다루고 있는 단원을 확인해 보세요.

	3학년	4학년	5학년
수와 연산	• 분수와 소수 • 분수 • 나눗셈 • 곱셈 • 곱셈과 나눗셈	• 곱셈과 나눗셈 • 분수의 덧셈과 뺄셈	• 자연수의 혼합계산 • 약수와 배수 • 약분과 통분 • 분수의 덧셈과 뺄셈 • 분수의 곱셈 • 소수의 곱셈
문자와 식			
규칙성			• 규칙과 대응
도형	• 평면도형 • 원	• 각도 (삼각형) • 사각형 (수직과 평행) • 다각형	• 합동과 대칭 • 직육면체
측정		• 각도	• 다각형의 넓이 • 어림하기

6학년	중학교 1학년	중학교 2학년	중학교 3학년	고등학교
• 분수의 나눗셈 • 소수의 나눗셈	• 소인수분해 • 최대공약수와 최소공배수			

	• 문자와 식	• 지수법칙	• 다항식의
			  곱셈과
			  인수분해	

• 비와 비율 • 비례식과 비례 배분				• 수열
• 각기둥과 각뿔 • 원기둥, 원뿔, 구				
• 원의 넓이 • 직육면체의 겉넓이와 부피				

The 키우다 **01**

분수가 풀리고
도형이 보이는
수학 이야기

| **초판 1쇄 발행** 2021년 4월 12일
| **초판 4쇄 발행** 2022년 1월 5일

| **지은이** 난바 히로유키
| **옮긴이** 최현주
| **발행인** 김태웅
| **책임편집** 이지은
| **디자인** syoung.k
| **마케팅 총괄** 나재승
| **제작** 현대순
| **발행처** (주)동양북스

| **등록** 제 2014-000055호(2014년 2월 7일)
| **주소** 서울시 마포구 동교로22길 14 (04030)
| **구입문의** 전화 (02)337-1737 팩스 (02)334-6624
| **내용문의** 전화 (02)337-1763 이메일 dybooks2@gmail.com
| **ISBN** 979-11-5768-698-8 43410